Quoc-Dung Ngo

Diagnostic de systèmes hybrides incertains

Quoc-Dung Ngo

Diagnostic de systèmes hybrides incertains

Génération automatique de Relations de Redondance Analytique Symboliques évaluées par approche ensembliste

Presses Académiques Francophones

Impressum / Mentions légales
Bibliografische Information der Deutschen Nationalbibliothek: Die Deutsche Nationalbibliothek verzeichnet diese Publikation in der Deutschen Nationalbibliografie; detaillierte bibliografische Daten sind im Internet über http://dnb.d-nb.de abrufbar.
Alle in diesem Buch genannten Marken und Produktnamen unterliegen warenzeichen-, marken- oder patentrechtlichem Schutz bzw. sind Warenzeichen oder eingetragene Warenzeichen der jeweiligen Inhaber. Die Wiedergabe von Marken, Produktnamen, Gebrauchsnamen, Handelsnamen, Warenbezeichnungen u.s.w. in diesem Werk berechtigt auch ohne besondere Kennzeichnung nicht zu der Annahme, dass solche Namen im Sinne der Warenzeichen- und Markenschutzgesetzgebung als frei zu betrachten wären und daher von jedermann benutzt werden dürften.

Information bibliographique publiée par la Deutsche Nationalbibliothek: La Deutsche Nationalbibliothek inscrit cette publication à la Deutsche Nationalbibliografie; des données bibliographiques détaillées sont disponibles sur internet à l'adresse http://dnb.d-nb.de.
Toutes marques et noms de produits mentionnés dans ce livre demeurent sous la protection des marques, des marques déposées et des brevets, et sont des marques ou des marques déposées de leurs détenteurs respectifs. L'utilisation des marques, noms de produits, noms communs, noms commerciaux, descriptions de produits, etc, même sans qu'ils soient mentionnés de façon particulière dans ce livre ne signifie en aucune façon que ces noms peuvent être utilisés sans restriction à l'égard de la législation pour la protection des marques et des marques déposées et pourraient donc être utilisés par quiconque.

Coverbild / Photo de couverture: www.ingimage.com

Verlag / Editeur:
Presses Académiques Francophones
ist ein Imprint der / est une marque déposée de
OmniScriptum GmbH & Co. KG
Heinrich-Böcking-Str. 6-8, 66121 Saarbrücken, Deutschland / Allemagne
Email: info@presses-academiques.com

Herstellung: siehe letzte Seite /
Impression: voir la dernière page
ISBN: 978-3-8381-7267-5

Table des matières

Chapitre 1

Introduction générale

Les activités industrielles, tout comme les aléas naturels, peuvent induire des risques de nature diverse, voir conduire à des événements catastrophiques. De façon à réduire ces risques à des niveaux acceptables pour l'opinion publique, à en limiter les coûts aussi bien humains, matériels que financiers et à respecter la réglementation, il est nécessaire d'évaluer ces risques, d'en prévenir la survenue (prévention) et d'en limiter les impacts (protection). Dans le contexte du Risque Majeur (risque inondation, séisme, risque industriel, etc...), les industriels et les pouvoirs publics ont mis en place des plans de secours, d'intervention ou de gestion de crise permettant de détecter, alerter et gérer les moyens de secours.

Ces plans, définis à priori, font intervenir un grand nombre d'acteurs ayant de nombreuses interactions, et se communiquant une quantité importante d'informations. Il est crucial d'arriver à détecter et à identifier des situations anormales en fonction des informations récupérées sur le terrain, d'anticiper leurs évolutions pour aider à la prise de décision, et de les gérer par la mise en œuvre d'actions correctrices en temps et en heure.

De part la nature et la source diversifiées des informations à traiter et des besoins de communication de la chaîne décisionnelle, ce sujet s'intègre parfaitement dans le projet Senscity finançant ce travail et dont l'objectif est l'émergence de nouveaux services adaptés aux besoins des opérateurs de services urbains par le développement et l'expérimentation de technologies de communication M2M, et ce notamment dans le cadre de la gestion des risques par les collectivités. Comme les partenaires ont mis en place un réseau de différents types de capteurs mesurant le bruit, la vitesse du vent, les odeurs, la qualité de l'air..., il est important de savoir si ces informations mesurées et récupérées sur le réseau Senscity sont correctes ou erronées avant de chercher à les exploiter. Ceci d'autant plus important lorsqu'elles sont utilisées dans un contexte de maitrise du Risque Majeur pour être en mesure de correctement évaluer en cas de catastrophe la criticité de la situation et donc l'ampleur des moyens de secours à utiliser, mais aussi en situation normale d'être capable du surveiller la chaine d'instrumentation afin d'en faciliter la maintenance. Afin de clarifier ces points, un exemple illustratif va maintenant être présenté (Figure 1.1)

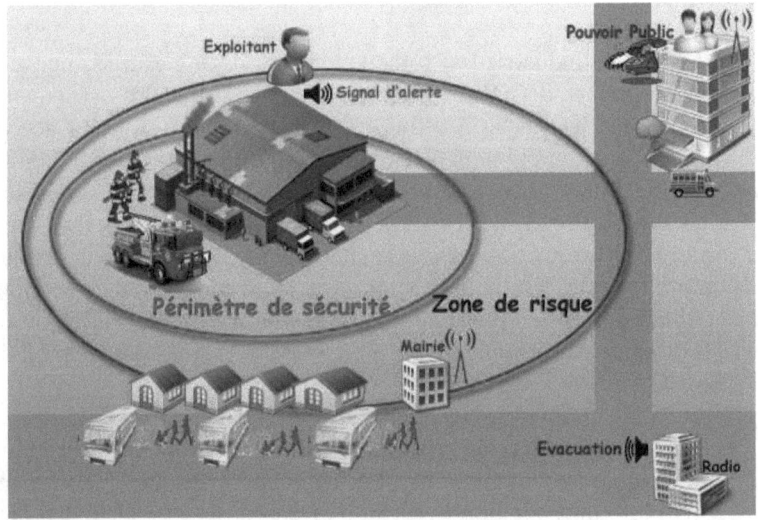

FIGURE 1.1: Exemple d'un système de surveillance d'une fuite de gaz toxique

Considérons une zone sensible qui contient un gaz toxique servant à la fabrication des produits d'une usine **U**. A cause de sa dangerosité, le responsable de l'usine a demandé à un expert de mettre en place un système de surveillance pour cette zone. Suite à cette demande, l'expert a installé, autour de l'usine, **un réseau de capteurs**, que l'on note **RC**, qui permet de récupérer des informations concernant la vitesse du vent, la concentration du gaz dans le cas où il y a une fuite etc... Ce système, que l'on va noter **S**, a pour but de répondre à la question cruciale : quelle est la zone géographique dangereuse pour la santé affectée par le gaz toxique dans le cas où il y a une fuite dans des conditions évaluées par le réseau de capteurs **RC**.

6

Après avoir été installé et avoir modélisé toutes les relations entre les informations venant des capteurs, l'expert construit un **modèle de bon comportement** du système S, que l'on note **MB**, composé d'un ensemble de **contraintes**, que l'on note C, reliant les mesures des différents capteurs.

Supposons qu'un jour survient un problème de fuite entrainant la dispersion de gaz toxique dans l'air. Grâce au modèle de bon comportement **MB** et aux mesures récupérées via le réseau de capteurs **RC**, l'expert peut par exemple déduire des informations sur la localisation de l'endroit où se trouve la source du problème, ou sur l'ampleur de la fuite. Il peut potentiellement établir une cartographie de la concentration en gaz pour estimer la zone géographique de danger où la concentration en gaz dépasse un seuil donné et ainsi définir où mettre en place des actions de secours appropriées pour préserver les personnes. Remplaçons maintenant le gaz toxique par un gaz traceur inoffensif donc le débit de fuite est maitrisé sous des conditions de vent connues. Il est alors possible à l'expert de vérifier si le réseau de capteurs **RC** fonctionne correctement au sens où celui-ci renvoie des informations cohérentes avec le modèle de bon comportement **MB** compte tenu des conditions expérimentales imposées. Cette vérification, étape clé de la procédure de surveillance du réseau de capteur **RC**, est basée sur la réalisation de tests de cohérence consistant à vérifier mathématiquement si les informations mesurée par **RC** satisfont bien les relations de contraintes contenues dans **MB**.

Au bout d'un certain temps, lorsqu'un capteur est tombé en panne et qu'il donne des valeurs aberrantes, ce problème empêche de continuer à estimer correctement la zone de risque accidentel en lien avec la cause initiale. Dans ce cas, il devient difficile pour les autorités de prendre les bonnes décisions. C'est la raison pour laquelle la notion de surveillance dynamique des systèmes d'alerte a un rôle crucial dans la gestion des risques majeurs et c'est aussi notre objectif central dans le cadre de ces travaux.

Ces dernières années, de nombreux de travaux sont consacrés au domaine du diagnostic, élément clé d'une procédure de surveillance. De nombreuses méthodes et outils, qui sont issus essentiellement des deux communautés Automatique [54, 23, 22, 29, 32, 45] et Intelligence Artificielle [58, 15], sont proposées. Parmi ces méthodes, les méthodes à base de modèle ont connu une forte croissance. Le principe de ces méthodes consiste à vérifier la cohérence entre le modèle et les différentes mesures du système. Si la cohérence est vérifiée, alors le système est probablement en bon fonctionnement. Et inversement, si ce n'est pas le cas, on détecte qu'il y a un défaut et l'étape de localisation est appliquée par la suite. Généralement, l'une des approches les plus utilisées dans la communauté automatique, en se basant sur les modèles, est l'approche structurelle. Elle consiste à générer les différentes RRA via les relations entre les variables en évitant de prendre en compte les expressions formelles entre elles. C'est aussi l'approche que l'on a choisit pour développer notre méthode. Cette famille de méthodes est décomposable en deux parties dont la première consiste à construire des relations de redondance analytique (RRA) et la deuxième consiste à effectuer les tests de cohérence sur les RRA générées. Le bon fonctionnement d'un système est traduit par l'absence des incohérences entres les informations des variables.

Sachant que cette famille de méthodes est basée sur les modèles, donc un modèle de bon comportement **MB** a effectivement un rôle primordial. En effet, tous les éléments nécessaires pour diagnostiquer un système sont générés et calculés en se basant sur ce modèle. Donc, s'il n'y a pas de modèle de bon comportement ou bien s'il n'est pas correct, alors on ne pourra pas effectuer correctement la procédure de diagnostic.

Un des points importants que l'on doit maîtriser également pour pouvoir consolider la procédure de diagnostic est la prise en compte de l'imprécision des informations que l'on possède. Ce point fait l'objet, parallèlement avec les méthodes de diagnostic, de nombreux travaux. A savoir que la plupart des problèmes d'incertitude que l'on peut avoir, vient du manque des connaissances sur le système à cause des bruits, des imprécisions des capteurs ou bien des imprécisions du modèle. Ce problème d'incertitude influence fortement sur les tests de cohérence entre les informations et donc directement sur les résultats à l'issue des tests de cohérence. C'est pour cette raison que l'approche intervalle proposée par [50] est utilisée pour faire face aux problèmes d'incertitude durant les tests de cohérence.

Ces travaux de recherche consistent à trouver une réponse qui satisfait un triple objectif :
— extraire les relations valides à partir du modèle de bon comportement d'un système afin de prendre en compte l'évolution du système en éliminant les relations et des mesures invalides ayant pour but d'effectuer le diagnostic en ligne.

— construire, en utilisant une analyse symbolique couplée avec la théorie des graphes, les relations de redondance analytique symboliques (RRAS) pour la détection des défauts dans le système.

— évaluer ces RRAS en utilisant le calcul par intervalle, afin de prendre en compte les incertitudes présentes dans les mesures, lors des tests de cohérence.

Afin de mieux structurer mon manuscrit, il est décomposé en huit chapitres dont les thèmes sont donnés ci-après.

Le premier chapitre présente de manière générale la problématique et la démarche que nous proposons pour d'une part donner aux lecteurs une vue globale sur les notions de base utilisées et d'autre part pour exploiter cette connaissance dans le but de synthétiser nos objectifs.

Le deuxième chapitre est entièrement dédié à la présentation des méthodes de diagnostic. Il consiste à résumer et à définir les différents termes courants dans le domaine du diagnostic. Bien que ce chapitre reprenne des bases que l'on peut retrouver dans bon nombre de thèses ou d'articles liés au diagnostic de système, il permet, toutefois, de donner une vue globale sur les méthodes existantes et de justifier notre choix de se baser sur le graphe biparti pour non seulement la représentation du modèle de bon comportement, mais également la construction des relations de redondance analytique de manière symbolique.

Le troisième chapitre est, quant à lui, consacré à la présentation des méthodes de calculs par intervalles. Il consiste à présenter l'outil analyse par intervalles de manière très générale. Son but est de faire découvrir un outil pertinent servant à la prise en compte des incertitudes. Ce chapitre explicite dans un premier temps les fondements et propriétés, ainsi que les avantages et limitations de cet outil. Quelques méthodes de résolutions sont ensuite abordées afin de présenter comment les problèmes d'incertitudes seront traités.

Le quatrième chapitre est le coeur de l'approche proposée. Dans ce chapitre, tous les concepts utiles à la génération des Relations de Redondance Analytique Symboliques (RRAS), en se basant sur les parcours de graphes, sont présentées. Afin de donner une meilleure compréhension, toutes nos explications sont illustrées par un exemple académique représentant d'un système statique. Cette approche est applicable bien évidemment pour tous les systèmes du type régime permanent.

Le cinquième chapitre sert à présenter les tests de cohérence, sous la forme de Problèmes de Satisfaction de Contraintes par Intervalles (CSPI), capables de traiter les RRASs précédentes. Le fait de considérer l'évaluation des RRAS sous forme de CSPI nous permet de résoudre tout le paquet de contraintes en même temps. Il évite également de chercher à remplacer toutes les variables inconnues par celles connues dans les relations pouvant conduire à des problèmes d'isolation ou de calculabilité des variables. L'objectif consiste alors à chercher s'il existe au moins une solution qui permet de satisfaire l'ensemble des contraintes dans le CSPI pour conclure que le test de cohérence est vérifié et que le système n'est pas en comportement anormal.

Le sixième chapitre est réservé aux systèmes dynamiques. Il est décomposé en deux parties dont la première consiste à présenter comment les RRAS sont générées dans le cas d'un système dynamique. L'exemple académique sera légèrement modifié afin d'être cohérent avec le fil conducteur des différents chapitres. La deuxième partie est consacrée à valider les résultats obtenus de notre approche via la comparaison avec la méthode d'espace de parité.

Le septième chapitre est aussi le dernier cas à traiter : le cas d'un système commuté. Il illustre également les divers résultats théoriques développés dans les chapitres précédents au travers d'un exemple réel : un bioprocédé. Reposant sur le modèle commuté composé d'un ensemble de modèles dynamiques, il explique de manière détaillée la mise en œuvre d'une procédure complète de diagnostic en montrant les avantages de notre approche.

Dernier chapitre propose un bilan général de ces travaux et évoque, bien évidemment, quelques perspectives de recherche.

Chapitre 2

Détection et localisation des défauts

2.1 Introduction

De nos jours, les systèmes physiques sont de plus en plus complexes. Malgré la maîtrise de la technologie, il reste quand même difficile de maintenir les systèmes physiques dans de bonnes conditions de fonctionnement à cause de l'interaction de très nombreux composants constituant ces systèmes. Dans le but d'améliorer les performances que ce soit en productivité, en rentabilité ou en qualité des produits tout en limitant l'intervention de l'homme, la surveillance automatique de ces systèmes joue un rôle croissant. De manière générale, la surveillance d'un système physique est complètement dépendante des informations mesurées par des capteurs. Et il suffit d'avoir un capteur tombé en panne pour entraîner le dysfonctionnement du système surveillé.

Par conséquent, un système de surveillance doit être capable de détecter, voire localiser un défaut affectant le système physique proprement dit, l'une de ses parties. Dans cette optique, une introduction des notions utilisées couramment dans le domaine de la détection et la localisation des défauts dans un système physique, ainsi que les méthodes appropriées pour le diagnostic sont brièvement présentées dans cette section.

Quelques notions importantes dans le domaine du diagnostic :

— **Défaut** : déviation non autorisée d'au moins une caractéristique

11

ou un paramètre du système physique par rapport à son comportement normal.

— **Défaillance** : interruption de manière permanente de la capacité qui permet d'accomplir des fonctions spécifiées d'un système physique.

— **Dysfonctionnement** : irrégularité intermittente dans l'accomplissement des fonctions spécifiées d'un système physique.

— **Perturbation** : entrée inconnue ou incontrôlée intervenant dans un système.

— **Symptôme** : changement distinctif d'un état fonctionnel anormal.

— **Résidu** : écart entre les mesures observées et une valeur de référence calculée à partir des relations du modèle.

— **Détection des défauts** : tâche qui permet de déterminer les défauts présents dans un système physique.

— **Localisation des défauts** : tâche qui permet de déterminer la nature, le lieu des défauts (suite de la détection des défauts) dans un système.

— **Surveillance** : tâche qui consiste à déterminer en temps réel le comportement d'un système physique en prenant en compte les informations enregistrées du système. Cela permet d'indiquer des comportements anormaux du système.

— **Supervision** : tâche comprenant la surveillance d'un système physique et la génération des décisions appropriées afin de maintenir le fonctionnement du système en mode dégradé en présence de défauts.

— **Redondance analytique** : redondance d'information entre différentes relations analytiques d'un modèle mathématique permettant d'estimer la valeur d'une grandeur simultanément de plusieurs façons.

Quelques différents types de défauts :

Les défauts sont des événements qui ont lieu dans les différents parties d'un système lorsqu'il est en comportement anormal. Il y a une multitude de défauts dans les systèmes complexes, mais on peut les classer en trois familles de défauts : défauts sur des actionneurs, défauts sur des capteurs et défauts sur les composants.

— **Défauts sur des actionneurs** : cela représente une perte partielle ou complète des mesures d'entrée dans le système. Ce type de défauts est lié en général avec les variables d'entrée et entraine une incohérence entre les valeurs attendues et les sorties réelles.

— **Défauts sur des capteurs** : cela représente des mesures erronées provenant des capteurs.

— **Défauts sur des composants du système** : cela représente des défauts qui ne peuvent pas être classés comme des défauts de capteurs ou d'actionneurs. Ces défauts sont généralement dûs aux changements de la structure ou des paramètres du système dans le temps (une fuite ou une perte d'un composant...)

Quant à l'introduction aux méthodes de détection de défauts, elle sera divisée en deux familles différentes : la première consiste à présenter les méthodes dites à basc de modèle non-analytique avec lesquelles des connaissance du système ne nécessitent pas un modèle analytique au préalable et la deuxième famille, par contre, consiste à présenter les méthodes dites à base de modèle analytique.

2.2 Méthodes à base de modèle non-analytique

Les méthodes à base de modèle non-analytique telles que l'analyse spectrale, les systèmes experts, les réseaux de neurones, la reconnaissance de formes ou la logique floue ne comportent pas de modèles analytiques décrivant le comportement normal et les comportements anormaux du système. Elles reposent sur des caractéristiques associées aux défauts dans les variables mesurées. La condition nécessaire qui permet d'utiliser ces méthodes est l'exigence de la haute précision des capteurs.

2.2.1 Réseaux de neurones

Les méthodes à base de réseaux de neurones reposent sur l'analyse statistique appliquée à la détection des défauts. Elles sont divisées en deux parties : la première consiste à faire un apprentissage automatique pour construire un modèle de comportement à partir d'un certain nombre d'exemples réels. Après cette phase, le modèle obtenu est le résultat décrivant les comportements observés en fonction des variables descriptives. La deuxième étape est l'application de ce réseau à la détection des défauts des systèmes dans les cas réels. Cette famille de méthodes est très utilisée ces dernières années dans les domaines où il est difficile d'avoir un modèle analytique. Toutefois, leur limite est

liée à la première étape qui nécessite d'appréhender tous les comportements possibles du système pour pouvoir détecter les défauts, ainsi que
la construction du réseau (la taille et les algorithmes d'apprentissage du
réseau) [41], [44].

2.2.2 Reconnaissance de formes

Les méthodes à base de reconnaissance de formes consistent à utiliser des algorithmes permettant de classer des objets ou des formes en
les comparant avec des formes types. Le but est qu'à chaque instant, en
se basant sur les données qui proviennent des capteurs, l'algorithme qui
permet de faire la reconnaissance de formes, associe le comportement
correspondant du système à une forme type à laquelle il ressemble le
plus. Ensuite, une règle de décision va être générée. Cette famille de
méthodes est la plus utilisée dans le domaine de la supervision à base de
signal, elle est très utile lorsqu'on ne possède pas les modèles mathématiques qui correspondent à chaque mode de fonctionnement à cause de
la complexité du système physique comme l'automatisation industrielle,
le nucléaire, le comportement humain, la reconnaissance vocale, etc...[18]

Ces méthodes de détection de défauts, qui sont basées sur des données (historiques ou des données temps réels issus de capteurs) et qui
ne nécessitent pas de modèles analytiques, sont généralement utilisées
lorsque la possession ou l'obtention du modèle analytique est difficile ou
impossible. L'utilisation de ces méthodes présente la nécessité d'avoir les
comportements normaux de référence du système pour pouvoir faire la
comparaison entre les signaux de capteurs pour tester la cohérence. Par
conséquent, elles exigent un grand volume de données qui couvrent tous
les défauts du système, ainsi que la haute performance des capteurs, ce
qui limite leur champs d'application. Elles présentent aussi une complexité importante lors de la construction des modèles d'apprentissage
sur les données.

2.3 Méthodes à base de modèle analytique

2.3.1 Introduction

Les méthodes à base de modèle [48, 37, 13, 60] s'appuient sur des
modèles comportementaux explicites du système soumis au diagnostic,
elles utilisent les informations redondantes afin de vérifier la cohérence

dans le système. Il y a deux types d'informations redondantes qui sont : la redondance matérielle et la redondance analytique. Comme son nom l'indique, la première consiste à utiliser les informations redondantes récupérées à partir des capteurs et des actionneurs permettant de mesurer et contrôler les variables. Cela nécessite de doubler, ou tripler, voir plus, des capteurs dans un système pour assurer l'obtention des bonnes mesures. Ce type d'informations redondantes est très utilisé dans les processus critiques comme dans les avions ou les centrales nucléaires. Cependant, l'utilisation de la redondance matérielle est très limitée à cause de son coût et son encombrement.

Quant à la redondance analytique, elle est réalisée à partir de la dépendance analytique entre les variables. Elle est fournie généralement par un ensemble de relations algébriques entre les états, les entrées et les sorties du système. Ces relations sont appelées des relations analytiques. En manipulant ces relations algébriques pour estimer ou éliminer les grandeurs d'état inconnues, des relations de redondance analytique (RRA) sont générées. Le point commun de ces méthodes est que ces RRA favorisent des indicateurs de défauts, qui une fois évalué conduisent à des valeurs plus connues sous le nom résidu. Théoriquement, le système est en bon fonctionnement lorsque les résidus sont égaux à zéro, si ce n'est pas le cas, on peut conclure que le système est en comportement anormal. Cependant, à cause des bruits et des imprécisions des capteurs, le résidu n'est pas comparé à zéro mais avec un seuil ϵ fixé très faible. Nous pouvons classer ces méthodes en trois sous-groupes : l'estimation des paramètres, l'espace de parité et les méthodes à base d'observateurs d'état.

2.3.2 Estimation des paramètres

Cette famille de méthodes est utilisée généralement pour la surveillance en temps réel des grandeurs inconnues du système qui ne sont pas mesurables directement. Elle consiste à estimer ces valeurs des paramètres du modèle du système en utilisant des procédures d'identification, puis de comparer ces valeurs estimées aux valeurs nominales (supposées connues) des grandeurs. L'écart entre ces valeurs est le résidu. Cette famille de méthodes se trouve dans [30, 31].

2.3.3 Espace de parité ou redondance analytique

Cette famille de méthodes, ayant pour origine la redondance matérielle qui est utilisée initialement afin de détecter et localiser des défauts de capteurs, étend le diagnostic au système complet puisque les indicateurs de défauts utilisés peuvent refléter la structure et le comportement du système. Le principe consiste à générer des relations de parité qui reposent sur des relations algébriques sous forme statique. La particularité de ces relations est qu'elles ne contiennent que des variables mesurées en éliminant toutes les variables inconnues présentes dans le modèle du système. Le but est de vérifier la cohérence en utilisant les variables mesurées de l'entrée et de la sortie du système. Les relations de parité (ou plus connu sous le nom de Relations de Redondance Analytique) génèrent des résidus auxquels il est possible d'appliquer des tests d'hypothèses.

Définition 1. *Une Relation de Redondance Analytique (RRA) est une relation analytique qui ne fait intervenir que des variables observées et donc supposées connues du système.*

La génération des résidus par le biais de relations de redondance analytique (RRA), peut être décomposée comme suit :
— Relations de redondance statique : ce terme est utilisé lorsque les RRA contiennent seulement des mesures au même instant. Ceci correspond aux systèmes en régime stationnaire et la génération des résidus est faite directement à partir des RRA. La redondance statique est utilisée lorsque des relations internes entre les différentes variables physiques (indirectement les mesures) sont prises en compte. Autrement-dit, elle correspond à la mise en équations des contraintes entre les variables mesurées.[56]

— Relations de redondance temporelle : ce terme est utilisé lorsque l'on effectue la détection des défauts sur des système dynamiques. Ceci nécessite d'avoir des mesures échantillonnées exprimées sur un horizon temporel. Dans ce cas, la génération des résidus est faite soit directement à partir des valeurs des RRA évaluées, soit en comparant les valeurs réelles des variables avec les valeurs estimées qui sont issues des relations analytiques utilisées. Il existe beaucoup de travaux sur la redondance temporelle qui étend le cas statique [47, 27]

L'aspect dynamique des relations de redondance temporelle dans ces méthodes [47, 27] est très intéressant dans le sens où il sera considéré comme une compilation de plusieurs modèles dynamiques sur un horizon de temps afin de former un modèle étendu statique servant à la génération des relations de redondance. Afin d'illustrer l'application de la méthode de l'espace de parité à la construction des relations de redondance temporelle, considérons le modèle d'état dynamique linéaire suivant :

$$\begin{cases} x(k+1) &= \mathbf{A}x(k) + \mathbf{B}u(k) \\ y(k) &= \mathbf{C}x(k) \end{cases} x \in R^n, y \in R^m, u \in R^q \qquad (2.1)$$

Où $\mathbf{A}$, $\mathbf{B}$, $\mathbf{C}$ sont respectivement les matrices d'état, de commande et d'observation. Les notations x, u, y représentent les entrées mesurées, les variables d'état inconnues et les sorties mesurées du système et k est l'indice temporel courant. On peut facilement constater que les variables d'état $x(k+i)$ du système dépendent des variables d'état de l'instant précédent, ce qui nous permet d'écrire :

$$x(k+i) = \mathbf{A}^i x(k) + \sum_{j=0}^{i-1} \mathbf{A}^{i-j-1} \mathbf{B}u(k+j) \qquad (2.2)$$

Selon la définition (1), le principe de la génération des Relations de Redondance Analytique (RRA) à partir d'un système dynamique est de construire des relations ne contenant que des variables observées en cherchant à remplacer toutes les variables inconnues par celles mesurées. C'est-à-dire éliminer toutes les variables d'état x. Généralement, il n'est pas possible d'éliminer toutes les variables inconnues avec simplement le modèle à l'instant k donné. Ce problème vient du fait que le nombre de variables inconnues présentes dans les équations est plus grand que le nombre d'équations de la matrice d'observation. Pour pouvoir résoudre ce problème, il va falloir utiliser les variables observées sur une fenêtre de temps $[k, k+h]|h > 0$ suffisamment grande pour pouvoir éliminer toutes les variables inconnues. Pour ce faire, la méthode courante consiste à transformer le modèle dynamique en un modèle statique. Afin de simplifier les équations dynamique en les amenant à des équations statiques pour les évaluer et en regroupant les vecteurs de mesures sur un horizon $[k, k+h]|h > 0$, $(h \in N^*)$, on obtient :

$$\mathbf{Y}(k,h) = \mathbf{C}_h x(k) + \mathbf{H}_h \mathbf{U}(k, h-1), \mathbf{U} \in R^{hq}, \mathbf{Y} \in R^{h_m}; h_m = (h+1)m \qquad (2.3)$$

avec

$$\mathbf{C}_h = \begin{bmatrix} \mathbf{C} \\ \mathbf{CA} \\ \mathbf{CA}^2 \\ \cdots \\ \cdots \\ \cdots \\ \mathbf{CA}^h \end{bmatrix} ; \mathbf{H}_h = \begin{bmatrix} 0 & 0 & \cdots & 0 \\ \mathbf{CB} & 0 & \cdots & 0 \\ \mathbf{CAB} & \mathbf{CB} & \cdots & 0 \\ \cdots & \cdots & \cdots & \cdots \\ \cdots & \cdots & \cdots & \cdots \\ \cdots & \cdots & \cdots & \cdots \\ \mathbf{CA}^{h-1}\mathbf{B} & \mathbf{CA}^{h-2}\mathbf{B} & \cdots & \mathbf{CB} \end{bmatrix} ; \qquad (2.4)$$

avec $\mathbf{C}_h \in R^{h_m * n}, \mathbf{H}_h \in R^{h_m * hq}$ et

$$\mathbf{Y}(k,h) = \begin{bmatrix} y(k) \\ y(k+1) \\ \cdots \\ \cdots \\ \cdots \\ y(k+h) \end{bmatrix} ; \mathbf{U}(k, h-1) = \begin{bmatrix} u(k) \\ u(k+1) \\ \cdots \\ \cdots \\ \cdots \\ u(k+h-1) \end{bmatrix} \qquad (2.5)$$

Puis, notons $r_{\mathbf{C}_h}$ le rang de la matrice $\mathbf{C}_h$ pour une taille h suffisamment grande, il sera possible donc de générer une matrice de projection appelée matrice de parité $\mathbf{W} \in R^{h_w * h_m}$ où $h_w = h_m - r_{\mathbf{C}_h}$, de plein rang ligne, vérifiant [46]

$$\mathbf{WC}_h = 0 \qquad (2.6)$$

Pour que la matrice $\mathbf{W}$ existe, il va falloir que la matrice $\mathbf{C}_h$ ne soit pas de plein rang ligne. Dans ce cas, il existe une infinité de matrices $\mathbf{W}$ qui vérifient la contrainte d'orthogonalité précédente. Cependant, la question majeure que l'on peut poser ici est de comment déterminer la taille de l'horizon h de manière adéquate ? Afin de répondre à cette question, les éléments de réponse sont basés sur le théorème de Cayley-Hamilton [43] et le critère de l'observabilité de Kalman.

Premièrement, en utilisant le théorème de Cayley-Hamilton [43] sur la matrice d'état $\mathbf{A}$, on peut montrer qu'il existe toujours une valeur de h suffisante (en l'occurrence $h = n$ par exemple) telle que le rang de la matrice $\mathbf{C}_h$ soit inférieur au nombre de lignes, ce qui permet de vérifier l'équation (2.6). Cet indice h est aussi la taille de la fenêtre de temps nécessaire servant à la génération de la matrice $\mathbf{W}$. Pour avoir plus de détails, vous pouvez consulter [14].

De plus, la notion cruciale à prendre en compte est la notion d'observabilité d'un système. En fait, un système est dit observable lorsque l'observation de ses entrées et sorties, pendant un horizon de temps $[k, k + h] | h > 0$, permet de reconstruire toutes les variables d'état initiales à l'instant k. Pour tester l'observabilité d'un système, le critère de Kalman est donné comme suit :

$$rang(\mathbf{C}_{n-1}) = rang \begin{bmatrix} \mathbf{C} \\ \mathbf{CA} \\ \mathbf{CA}^2 \\ ... \\ ... \\ ... \\ \mathbf{CA}^{n-1} \end{bmatrix} = n \qquad (2.7)$$

Si le $rang$ $(\mathbf{C}_{n-1}) = n$, alors le système est observable. Un maximum d'information du modèle d'état (2.1) sera restitué dans les relations de parité. Et le choix pour la taille de l'horizon sera plus intéressant de coupler les deux critères exposés précédents ce qui nous donne la règle suivante :

— La taille maximale de l'horizon h est égale $= n$
— La taille de l'horizon h, que l'on peut dire "optimale", consiste à chercher une taille $0 < h \le n$ le plus faible possible et qui respecte simultanément les deux conditions suivantes :
   — La matrice $\mathbf{C}_h$ ne doit pas être de plein rang.
   — $rang(\mathbf{C}_h) = rang(\mathbf{C}_{(n-1)}) = n$ pour un système observable

Si la contrainte de $rang$ ci-dessus est respectée, alors la conclusion que l'on peut en retirer est que choisir un horizon h plus grand n'apportera pas plus d'informations sur l'état du système dans les RRA générées [49, 11]. Le nombre d'équations de parité qu'on peut avoir est :

$$dim(\boldsymbol{P}) : Nombre\ De\ Ligne(\mathbf{C}_h) - rang(\mathbf{C}_h) \qquad (2.8)$$

Et le vecteur des relations de parité $\boldsymbol{P}$ est défini par :

$$\boldsymbol{P} = \mathbf{W}(\mathbf{Y}(k, h) - \mathbf{H}_h \mathbf{U}(k, h - 1)) \qquad (2.9)$$

Et toutes les relations de parité $\boldsymbol{P}$ doivent être égales à zéro pour pouvoir conclure que le système est en bon fonctionnement si le modèle reflète exactement le bon comportement du système puisqu'on a aussi :

$$\boldsymbol{P} = \mathbf{W}\mathbf{C}_h x(h) = 0 \qquad (2.10)$$

Quant aux systèmes non-observables, il ne sera pas possible de reconstruire toutes les variables d'état à l'instant initial k mais seulement les variables d'état qui sont dans les parties observables. De ce fait, il va falloir les décomposer en plusieurs sous-parties que je vais présenter dans la partie de décomposition canonique (5.2 de ce chapitre).

2.3.4 Observateur d'état

Cette famille de méthodes est très proche de la famille de méthodes à base d'estimation des paramètres. Elle consiste à utiliser les signaux d'entrée/sorties pour estimer les états et les sorties du système à un instant t donné en se recalant à l'aide de certaines mesures. Puis la génération des résidus n'est rien d'autre que l'opération de comparaison entre les valeurs estimées des sorties et les valeurs réelles du système. Pour chaque capteur, on peut générer un résidu associé ce qui permet de détecter un défaut s'il y en a.

Cette approche est basée sur une maîtrise du modèle, ainsi que touts les paramètres et les relations qui, différemment des relations de parité, sont différentielles (donc dynamiques). Quant aux systèmes linéaires, la structure de base est toujours la même. C'est pour cette raison que ces méthodes sont très utilisées dans les systèmes dynamiques, elles peuvent se trouver dans [37, 13, 1].

2.3.5 Conclusion

Ces trois familles de méthodes nécessitent des modèles analytiques qui décrivent précisément toutes les relations entre les variables. Le but est toujours de vérifier la cohérence des données qui sont prélevées via les capteurs. Cependant, cela n'est pas triviale lorsque l'on applique ces méthodes pour les problèmes en grande taille où on n'a pas une description complète des sous-parties du système. Il est également difficile de traiter les systèmes non-linéaires avec les méthodes de calcul analytique telle que l'espace de parité (impossibilité d'appliquer la matrice d'observabilité par exemple). C'est la raison pour laquelle l'approche structurelle est de plus en plus utilisée dans les systèmes complexes. En fait, la famille des méthodes d'approche structurelle ne prend en considération que les interconnexions des variables dans une relation sans prendre en compte son expression formelle. Cette façon de voir les choses permet de traiter les systèmes complexes sans prendre en compte leur complexité analytique qui peut éventuellement gêner la génération des relations de redondance analytique (impossibilité d'isoler formellement une inconnue par exemple). Elle repose sur des propriétés structurelles du système et

le point fort de cette approche est qu'elle facilite énormément la génération des RRA avec des outils simples tels que des matrices d'incidence
ou bien des graphes.

2.4 Représentation structurelle d'un système

2.4.1 Introduction

La construction d'un modèle de bon comportement pour le diagnostic est la tâche la plus importante pour pouvoir détecter et localiser
les défauts dans un système. L'objectif est de représenter entièrement
les comportements du système via son modèle de bon comportement
de manière a ce qu'on puisse être capable d'effectuer le diagnostic et
d'analyser les symptômes engendrés. Dans cette section, différentes re-
présentations courantes des systèmes physiques sous forme structurelle
vont être présentées.

2.4.2 Modélisation structurelle

Un système physique, noté S, peut être décrit mathématiquement
par un ensemble d'équations qui sont composées de variables, de paramètres et de relations analytiques entre ces variables et paramètres.
L'ensemble des équations (aussi appelées contraintes) est noté C et l'ensemble des variables V. Les variables peuvent être divisées en deux
parties : les variables connues et celles inconnues. Concrètement, les
variables connues sont celles dont on peut mesurer les valeurs via les
capteurs. Les variables inconnues sont les variables d'états internes du
système que l'on ne peut pas mesurer. Pour distinguer ces deux types de
variables, on note Y l'ensemble des variables connues et X l'ensemble
des variables inconnues. L'exemple illustratif suivant d'un petit système
S permettra de montrer comment les équations et les variables peuvent
être représentées pour décrire un système physique.
La forme d'un système est définie comme suit :

$$C = \{c_0, c_1, c_2....., c_n\} \qquad (2.11)$$

Exemple : Considérons un petit exemple d'un système statique avec
deux états x_1 et x_2, trois variables mesurées y_1, y_2 et y_3 :

$$c_1 \;:\; x_1 = x_2 + y_3 \qquad\qquad (2.12)$$
$$c_2 \;:\; y_1 = x_2$$
$$c_3 \;:\; y_2 = x_1$$

Avec les notations précédentes, on a des ensembles comme suit :
$$C = \{c_1, c_2, c_3\}\,;\; V = Y \cup X\,;\; X = \{x_1, x_2\}\,;\; Y = \{y_1, y_2, y_3\}$$

L'approche structurelle ne prend en compte que les interactions entre les variables V via les contraintes C pour décrire les comportements des composants du système. Afin de représenter cela, des outils couramment utilisés sont : la représentation matricielle ou la représentation par graphe.

2.4.3   Représentation par matrice structurelle

Reprenons l'exemple du système statique simple (2.12), pour représenter les interactions entre les variables dans ce système, une matrice M appelée matrice d'incidence peut être utilisée. Dans M, les lignes correspondent aux contraintes et les colonnes correspondent aux variables du modèle [7, 8]. L'intersection entre chaque colonne et ligne $M(i,j)$ prend l'une des deux valeurs suivantes :

— $M(i,j) = 0$ si la contrainte c_j ne possède pas la variable v_i
— $M(i,j) = 1$ si la contrainte c_j possède la variable v_i

Ce qui nous permet d'obtenir la matrice suivante :

	x_1	x_2	y_1	y_2	y_3
c_1	1	1	0	0	1
c_2	0	1	1	0	0
c_3	1	0	0	1	0

TABLE 2.1: Représentation par matrice d'incidence du système statique (2.12)

Cette représentation est adaptée parfaitement aux systèmes statiques. Cependant, la plupart des systèmes physiques réels sont dynamique et il est nécessaire de trouver un autre moyen pour prendre en compte les changements de comportements du système. Généralement, on utilise les différents instants k pour modéliser les changements du comportement des variables au cours du temps. Afin de mieux comprendre la nécessité de prendre en compte l'évolution d'un système dynamique dans le temps, considérons un deuxième exemple comme suit :

$$
\begin{aligned}
c_1 &: x_1(k+1) = x_2(k) + y_3(k) \\
c_2 &: y_1(k) = x_2(k) \\
c_3 &: y_2(k) = x_1(k)
\end{aligned}
$$

(2.13)

On peut facilement constater qu'avec une contrainte temporelle, il est possible d'appréhender une même variable x sur deux instants différents $x(k)$ et $x(k+1)$. Est ce que c'est une même variable prenant des valeurs différentes au cours du temps ou est-ce deux variables différentes au sens de deux variables inconnues différentes qu'il faudra éliminer pour construire une RRA. Ce problème va être présenté en détail dans la partie (2.4.4). C'est pour cette raison que dans certaines méthodes telles que le couplage [7, 8], la notion de causalité est introduite permettant d'orienter les relations entre les variables qui apparaissent dans les contraintes du système.

Pour représenter ces contraintes, l'intersection entre chaque colonne et ligne $M(i, j)$ prend une troisième valeur :

— $M(i, j)$ = -1 si la contrainte c_j possède une variable temporelle v_i

Et la représentation matricielle de ce système dynamique (2.13) est devenue :

	x_1	x_2	y_1	y_2	y_3
c_1	-1	1	0	0	1
c_2	0	1	1	0	0
c_3	1	0	0	1	0

TABLE 2.2: Représentation par matrice d'incidence du système dynamique (2.13)

Cette représentation est bien adaptée avec les algorithmes qui traitent les modèles sous forme de matrices. En parallèle avec la représentation structurelle du modèle sous forme de matrice, il existe d'autres manière de représentation structurelle qui sont équivalentes, l'une d'entre elles est la représentation par graphe comme le graphe biparti.

2.4.4   Représentation par graphe biparti

Dans cette section, une vue globale de la représentation de système à l'aide du graphe biparti va être introduite. Elle consiste à utiliser les noeuds pour représenter les variables et les contraintes (relations) du système et les arcs pour représenter les liens structurels entre ces différents éléments. Cependant, une distinction entre les noeuds du type variable et les noeuds du type contrainte sera considérée. Les arcs dans le graphe biparti ne servent qu'à indiquer la liaison entre les différentes variables aux contraintes appropriées et ils ne sont pas orientés.

Définition 2. *Un graphe biparti est défini par un triplet (C ; V ;E) où C est l'ensemble de contraintes, V est l'ensemble de variables et E est l'ensemble d'arêtes entre C et V de telle sorte que chaque arête $\epsilon \in E$ relie un sommet de C à un sommet de V et aucune arête ϵ ne peut relier deux sommets du même groupe.*

Exemple : Considérons l'exemple d'un système statique S avec les contraintes, qui sont décrites sous forme structurelle comme suit :

$$
\begin{aligned}
c_1 &: (x_1, x_2, x_3, y_2) = 0 \qquad\qquad (2.14)\\
c_2 &: (x_1, y_1) = 0\\
c_3 &: (x_1, x_2, x_3) = 0\\
c_4 &: (x_2) = 0\\
c_5 &: (x_1, x_2, x_3) = 0
\end{aligned}
$$

avec $C = \{c_1; c_2; c_3; c_4; c_5\}$, $V = \{X \cup Y\}$ avec $X = \{x_1; x_2; x_3\}$, $Y = \{y_1; y_2\}$ et toutes ces contraintes sont égales à 0.

La représentation du modèle de ce système (2.14) sous forme d'un graphe biparti est la suivante :

Quant aux systèmes dynamiques qui contiennent des variables temporelles, il y a plusieurs façons de les prendre en compte dans la représentation du modèle comme suit :

— On peut considérer qu'une variable temporelle $x_i(k+1)$ et son état initial $x_i(k)$ sont structurellement la même variable et traiter les équations dynamiques de la même façon que les équations statiques [16]

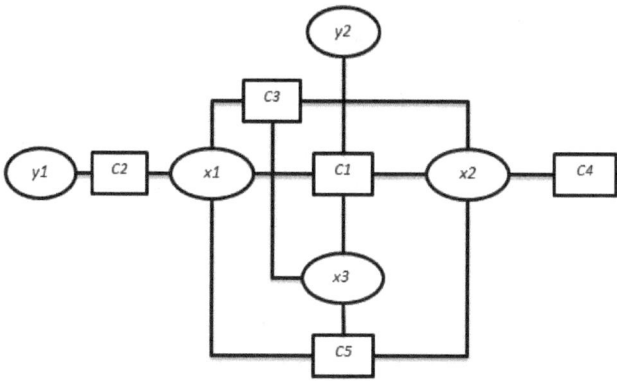

FIGURE 2.1: Représentation du modèle du système (2.14) sous forme d'un graphe biparti

— On peut également considérer qu'une variable temporelle $x_i(k+1)$ est structurellement différente de $x_i(k)$ [42] et les représenter par deux variables structurellement distinctes.

On peut facilement constater que la première approche ne prend pas en compte l'aspect dynamique du système ce qui permet de construire le même modèle pour les deux cas : dynamique et statique.

Exemple : Reprenons l'exemple (2.14) mais avec les contraintes temporelles comme suites :

$$
\begin{aligned}
c_1(k) &: (x_1(k), x_2(k), x_3(k), y_2(k), x_1(k+1)) = 0 \qquad (2.15) \\
c_2(k) &: (x_1(k), y_1(k)) = 0 \\
c_3(k) &: (x_1(k), x_2(k), x_3(k), x_2(k+1)) = 0 \\
c_4(k) &: (x_2(k)) = 0 \\
c_5(k) &: (x_1(k), x_2(k), x_3(k)) = 0
\end{aligned}
$$

Avec $C = \{c_1(k); c_2(k); c_3(k); c_4(k); c_5(k)\}$, $X = \{x_1(k); x_2(k); x_3(k); x_1(k+1); x_2(k+1)\}$, $Y = \{y_1(k); y_2(k)\}$.

La représentation graphique de ce système est identique que la figure (2.2) avec la première approche [16]. La deuxième approche de [42] nous donne la figure comme suit :

25

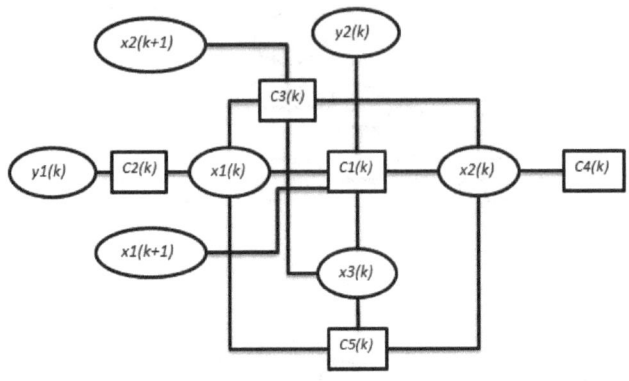

FIGURE 2.2: Représentation du modèle du système (2.15) sous forme d'un graphe biparti

2.4.5 Conclusion

Dans cette section, nous avons présenté les méthodes courantes pour représenter structurellement le modèle de bon comportement d'un système. Les méthodes présentées sont la représentation matricielle et la représentation par graphe.

On a vu que ces deux méthodes sont une abstraction du modèle de comportement parce qu'elles décrivent seulement les relations structurelles entre les variables qui apparaissent dans les contraintes sans préciser comment ces variables sont formellement reliées. La représentation structurelle nous permet de représenter les propriétés et les caractéristiques basiques du système. Dans la pratique, le graphe biparti est largement utilisé dans l'analyse structurelle pour la détection des défauts. Par conséquent, nous avons adopté le graphe biparti pour représenter la structure de nos systèmes et nous utilisons le parcours de graphe, qui n'est pas possible avec la représentation matricielle, pour effectuer la recherche des RRA.

2.5 Génération de Relations de Redondance Analytique dans un système

2.5.1 Introduction

Une fois que le modèle de bon comportement est obtenu, les contraintes associées doivent être manipulées pour construire des Relations de Redondance Analytique (RRA). Cette section est consacrée à présenter quelques méthodes courantes qui permettent de générer les RRA. De nos jours, il existe de nombreuses méthodes à base de l'analyse structurelle permettant d'effectuer la détection et la localisation des défauts, pour les système dynamiques, que l'on peut trouver partiellement dans [12, 33, 42] ou dans [7, 8]. Ces méthodes sont très similaires à quelques détails près et elles sont décomposables en différentes étapes dont les principales sont les suivantes (Figure (2.3)) :

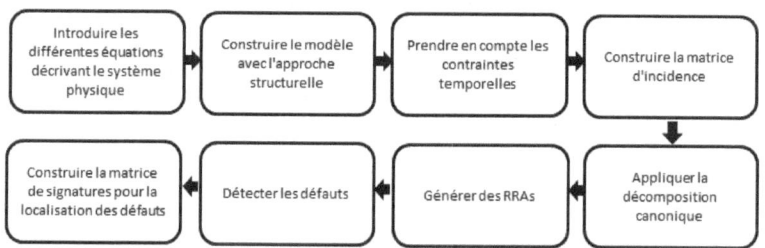

FIGURE 2.3: Étapes principales des méthodes structurelles de détection et de localisation des défauts

La signification de chaque étape est la suivante :

1. La première étape consiste à introduire le système physique sur lequel on va effectuer le diagnostic. Cela nécessite de le décrire par un ensemble de contraintes qui sont composées de variables, de paramètres et de relations analytiques entre ces variables.

2. A partir de ces contraintes et en utilisant l'approche structurelle, on peut construire un modèle structurel du système à la deuxième étape.

3. La troisième étape consiste à ajouter des contraintes temporelles afin de prendre en compte l'aspect dynamique du système .

4. Une fois que le modèle structurel est établi, la quatrième étape cherche à éliminer les parties du modèle où l'on ne peut pas gé-

nérer les RRA. Pour ce faire, il est nécessaire de construire une matrice d'incidence.

5. L'étape cinq consiste à utiliser la décomposition canonique (décomposition Dulmage-Mendelsohn) [19] pour garder seulement les parties dites sur-contraintes qui nous permettront de générer les RRA par la suite.

6. Cette étape cherche à générer les RRA à partir des parties surcontraintes (qui seront expliquées en détail dans la partie suivante) que l'on obtient à partir de l'étape précédente.

7. L'étape suivante consiste à déterminer les résidus en évaluant les RRA générées.

8. La dernière partie consiste à construire la matrice de signatures servant à la localisation des défauts si le système n'est pas en bon comportement.

Une des méthodes que je vais détailler, qui utilise le graphe biparti pour la recherche des RRA, est la méthode de couplage qui se trouve dans [7, 8]. Elle suit la plupart des étapes principales que j'ai listé précédemment et je vais commencer à partir de l'étape de la décomposition canonique qui détermine les parties avec lesquelles on peut générer les RRA.

2.5.2 Décomposition canonique

Avant de passer à l'étape de génération des RRA, la première question que l'on peut se poser est : lorsque l'on a un modèle structurel, est ce qu'il existe toujours des informations de redondance dans l'ensemble du système ? La réponse est non. C'est aussi l'objectif de cette section qui nous permet de vérifier s'il y a ou non la possibilité de générer les RRA et qui détaille comment extraire seulement la ou les parties qui contiennent les informations de redondance pour générer les RRA.

La méthode la plus utilisée pour ce faire est appelée : la décomposition canonique [19]. Elle consiste à permuter uniquement les lignes et les colonnes de la matrice d'incidence du système pour le diviser en trois parties qui sont (Figure 2.4) :

1. La partie dite sous-contrainte que l'on peut noter S^-. Dans cette partie, le nombre de variables inconnues est supérieur au nombre de contraintes ce qui implique qu'une variable peut prendre une multitude de valeurs de solutions. Par conséquent, nous ne pouvons pas avoir la possibilité de générer les RRA avec cette partie.

2. La partie dite juste-contrainte que l'on peut noter S^*. Dans cette partie, le nombre de variables inconnues est égal au nombre de contraintes ce qui nous donne seulement la possibilité d'estimer les variables inconnues mais il n'y a pas d'information de redondance pour les vérifier, donc il n'y a pas de RRA.

3. La partie dite sur-contrainte que l'on peut noter S^+. Dans cette partie, le nombre de variables inconnues est inférieur au nombre de contraintes ce qui implique que les variables inconnues peuvent être déduites et vérifiées par plusieurs relations de redondance d'où la possibilité de générer les RRA. C'est aussi la partie que l'on utilise pour la recherche des RRA via non seulement notre approche mais aussi via la plupart des méthodes pour la détection des défauts.

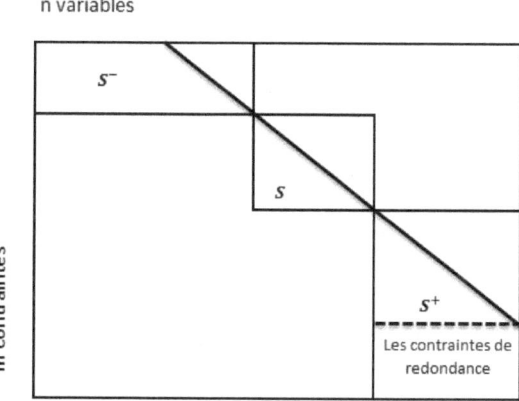

FIGURE 2.4: Décomposition canonique d'un système avec ses trois parties

Cette décomposition canonique nous permet d'extraire la partie sur-contrainte S^+ du système et passons, maintenant, à la génération des RRA. A ce sujet, [7, 8] a utilisé la notion de couplage.

2.5.3   Notion de couplage

Comme présenté, une fois qu'on identifie la partie qui contient des informations de redondance, une des méthodes utilisées couramment pour la génération des RRA, proposée dans [7, 8] se base sur la notion de couplage dans les graphes bipartis. Cette méthode consiste à éliminer les variables inconnues dans l'ensemble de contraintes du système. Dans cette section, je vais présenter les différents concepts de base de cette méthode.

Considérons un graphe biparti $G = (C ; V ; E)$. Par définition, C est l'ensemble des contraintes du système et V est l'ensemble des variables qui est composé de deux sous ensembles : X est l'ensemble des variables internes inconnues et Y est l'ensemble des variables mesurées du système. L'idée principale du concept des couplages est de coupler les variables d'état inconnues X du système aux contraintes C afin de les déduire. Lorsque toutes les variables inconnues sont couplées avec les contraintes, alors elles peuvent être donc déduites à partir de ces contraintes-là. Accordé à la définition 1, le but est en effet de chercher à éliminer toutes les variables inconnues pour générer les RRA

En fait, un couplage n'est rien d'autre qu'un couple $(x_i ; c_j)$ définissant un arc ϵ élément de E qui permet de relier x_i à c_j. Les différentes notions de couplages dans un graphe G sont :

Définition 3. *Un couplage* k *est un sous ensemble de* G *tel qu'il n'y a pas un couple d'arcs* (ϵ_i, ϵ_j) *dans* k *qui ont un sommet commun [7, 8]*

Définition 4. *Un couplage maximal* K *est un couplage tel qu'aucun arc ne peut être ajouté sans violer la propriété selon laquelle deux arcs ne doivent pas avoir de sommet commun [7, 8]*

Définition 5. *Un couplage* K *dans un graphe* G = (C ; V ; E) *est dit complet, par rapport à* C *si toutes les contraintes de* C *sont couplées (respectivement un couplage est dit complet par rapport à* X *si toutes les variables inconnues sont couplées) [7, 8]*

Remarque 1. *Le couplage complet* K *n'est pas unique et en général, différents couplages complets peuvent être trouvés dans un graphe biparti.*

Effectivement, un couplage K_i complet donné, par rapport à X, n'est pas unique dans le cas où il suffit qu'une variable inconnue x_i soit couplée avec une contrainte $c_{j'}$ au lieu de la contrainte c_j pour obtenir un nouveau couplage complet $K_{i'}$.

Exemple : Reprenons le système statique précédent (2.12) :

$$c_0 \ : \ (x_1, x_2, y_1) = 0$$
$$c_1 \ : \ (x_1, x_2) = 0$$
$$c_2 \ : \ (x_1, x_2, y_2) = 0$$

Avec $C = \{c_0; c_1; c_2\}$, $V = \{X \cup Y\}$, $X = \{x_1; x_2\}$, $Y = \{y_1; y_2\}$. La figure (a) (Figure (2.5)) correspond à une représentation du système

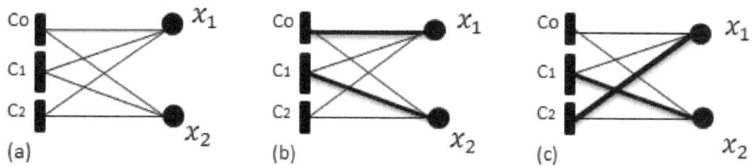

FIGURE 2.5: Différents couplages correspondants

avec un graphe biparti entre les variables d'état inconnues à éliminer et les contraintes qui les contiennent. Les figures (b) et (c) correspondent à 2 différents couplages complets possibles du système. On peut facilement remarquer que ce sont des couplages complets par rapport aux variables inconnues qui sont présentés sur ces figures. En fait, cette méthode cherche toujours à déduire toutes les variables d'états inconnues et celles-là sont bien couplées avec des contraintes.

Effectivement, un couplage complet par rapport aux variables inconnues signifie que chaque variable inconnue est couplée avec une contrainte. Et le fait de trouver que toutes les variables inconnues sont couplées avec les contraintes permet de déduire toutes les variables inconnues sans en oublier aucune. Cependant, les couplages complets K_i qui servent à la génération des RRA ne sont pas n'importe lesquels mais ils sont à issus d'un graphe orienté associé avec un couplage.

2.5.4 Graphe orienté avec un couplage

Définition 6. *Soient $V = \{v_1, v_2...v_n\}$ l'ensemble des variables intervenant dans la contrainte c_j. La variable v_i est déductible (ou calculable) si elle peut être déduite au travers de la contrainte c_j en utilisant les autres variables $\mathbf{V} = V$ -$\{v_i\}$ en supposant que toutes ces autres variables sont connues.*

Prenons un exemple comme suit :

$$c_0 : q\frac{dl_1}{dt} = x_1 - x_2 \tag{2.16}$$

On peut constater qu'il y a des cas où la variable couplée d'un couplage donné n'est pas déductible dans la contrainte associée. Effectivement, la variable $l_1 = \int_0^t \frac{1}{q} (x_1 - x_2)$ peut être couplée avec la contrainte

31

c_0 car elle est calculable si les variables x_1 et x_2 sont connues. Par contre, ce n'est pas le cas avec la variable x_1 ou la variable x_2, elles ne peuvent pas être calculées en supposant que les variables x_2 et l_1 sont connues pour le premier cas, ou x_1 et l_1 pour le deuxième, afin d'éviter les dérivations.

Ce problème va limiter le nombre de couplages possibles servant à la génération des RRA. Afin de représenter ces couplages graphiquement, les règles suivants sont appliquées :

1. Une contrainte dite couplée lorsque les arcs liés à cette contraintes sont orientés de manière :
   — Des variables non couplées à la contrainte (les variables d'entrée pour déduire la variable de sortie)
   — De la contrainte à la variable couplée (sortie)

2. Une contrainte est dite non couplée si toutes les variables sont considérées comme des entrées, c'est-à-dire que cette contrainte ne sera pas utilisée pour déduire une variable inconnue. Et par conséquent, tous les arcs ne sont pas orientés.

Avec ces notions, on peut construire le graphe orienté correspondant à l'exemple précédent comme suit (Figure (2.6)) :

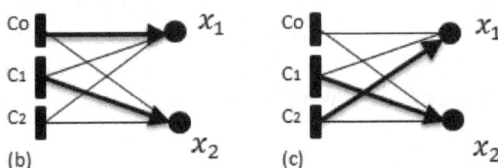

FIGURE 2.6: Graphe orienté

Les arcs orientés dans le graphe (2.6) indiquent comment les variables inconnues X sont déduites à partir des contraintes C avec deux couplages complets possibles du système.

Une fois que les contraintes et les variables inconnues sont couplées, les contraintes qui ne sont pas couplées serviront à construire les RRA (elle sont considérées comme des relations de redondance). En occurrence, avec la figure (2.6- b), la contrainte non couplée est la contrainte c_2 et la première RRA que l'on peut obtenir est :

$$c_0 \; : \; (x_1, x_2, y_1) = 0 \tag{2.17}$$
$$c_1 \; : \; (x_1, x_2) = 0$$
$$c_2 \; : \; (x_1, x_2, y_2) = 0$$

Pour la figure (2.6- c), la contrainte non couplée est la contrainte c_0 et on obtient la même RRA que le cas précédent ce qui nous donne le tableau (2.3) des RRA générées finales comme suit :

	c_0	c_1	c_2
RRA$_1$	1	1	1
RRA$_2$	1	1	1

TABLE 2.3: RRA générées du système (2.12)

Par conséquent, la seule RRA retenue pour ce système est RRA $= \{c_0, c_1, c_2\}$

2.5.5 Conclusion

Dans cette section, nous avons présenté les différentes notions de base employées dans le domaine du diagnostic, ainsi que quelques méthodes courantes pour la génération des RRA ayant pour but d'effectuer la détection des défauts. Une fois que l'on obtient les RRA, le résidu est calculé et si ce résidu ne dépasse pas un certain seuil θ fixé très faible, on peut alors conclure que le système n'est pas en comportement anormal.

Notre approche, qui se situe également dans cette famille de méthode, proposera une autre manière pour la génération automatique des RRA en se basant sur les parcours de graphes. La variable $x(k+1)$ sera bien distinguée par rapport à son état initial $x(k)$. De plus, notre méthode permet également d'éviter partiellement l'utilisation des flèches orientées en s'affranchissant des problèmes de déductibilité (ou calculabilité) de variables à partir de contraintes.

Chapitre 3

Approche intervalle

3.1 Introduction

Ces dernières années, il y a eu un intérêt accru dans la modélisation et l'analyse des systèmes en tenant en compte de l'aspect incertitude. Cet intérêt vient de l'existence de nombreuses sources d'incertitudes qui peuvent intervenir sur le système et qui posent de nombreux problèmes dans la modélisation, ainsi que dans la détection et la localisation des défauts. Certaines de ces incertitudes découlent de facteurs qui sont intrinsèquement aléatoires, d'autres raisons proviennent du manque de connaissance (ou épistémique) ou bien de l'imprécision des matériels. Ces sources d'incertitude influencent directement les résultats issus des analyses et peuvent conduire à des résultats fausses sur le comportement des systèmes.

Il y a de nombreux travaux dédiés à traiter cette problématique depuis des décennies que l'on peut diviser en deux familles suivant la manière choisie pour modéliser ces incertitudes : l'approche probabiliste et l'approche non-probabiliste comme celle des intervalles [50] que je vais présenter dans ce chapitre. Je vais détailler également l'intérêt de cette approche permettant d'expliquer la raison pour laquelle nous l'avons choisie pour la prise en compte des différentes sources d'incertitude lors de l'évaluation des Relation de Redondance Analytique Symbolique (RRAS).

3.2 Arithmétique des intervalles

3.2.1 Introduction

Généralement, les données qui sont issues des capteurs ne sont pas parfaites. La première source de ces imprécisions peut venir de la qualité de fabrication du capteur, de précision technologique, de signaux parasites (bruits) ou bien de défauts de capteur (panne, dérive) par exemple. Et on peut aborder la deuxième source d'imprécision qui est liée directement aux outils de calcul informatique. Effectivement, bien que les nombres entiers soient reconnus par les machines, ce n'est pas du tout le cas pour les nombres rationnels. Prenons l'exemple de $2/3$, la valeur obtenue par les machines dans les calculs sera $0.66666666....$ avec le nombre de chiffres après la virgule qui dépend du nombre de bits initialisé par l'utilisateur ou par défaut par la machine correspondante. C'est à partir de ce problème purement informatique que Moore a inventé l'analyse par intervalle avec le premier ouvrage de référence [50]. De nos jours, de nombreuses méthodes telles que celles de [52] pour la résolution des problèmes linéaires et non linéaires ou de [26] pour l'optimisation globale en utilisant les méthodes intervalles ont permis l'extension de cette approche dans le monde de l'ingénierie et de la recherche, notamment en diagnostic de défauts.

Définition 7. *Un intervalle est un ensemble borné de nombres réels R [51, 52] et si x désigne une variable réelle, l'intervalle [x] qui contient x est défini de la façon suivante :*

$$[x] = [\underline{x}, \overline{x}] = \{x \in R | \underline{x} \leq x \leq \overline{x}\} \tag{3.1}$$

Où les nombres réels $\underline{x}, \overline{x}$ sont respectivement les bornes inférieure et supérieure de $[x]$.

Un intervalle est dit dégénéré lorsque $\underline{x} = \overline{x}$. Les intervalles dégénérés permettent de la représentation des nombres réels connus avec exactitude. Tous les intervalles de R sont notés : IR. Si une seconde variable réelle y est élément de $[x]$, alors elle est notée : $y \in [x]$ et toutes les valeurs possibles de y sont comprises entre les deux bornes $\underline{x}$ et $\overline{x}$.

Pour un intervalle $[x]$ donné, quelques notations liées à cet intervalle sont :

— Le centre de l'intervalle $mid([x]) = (\underline{x} + \overline{x})/2$
— Son rayon $r([x]) = (\overline{x} - \underline{x})/2$
— Sa longueur ou son diamètre : $w([x]) = \overline{x} - \underline{x}$

— Sa valeur absolue ou sa norme : $|[x]| = \max(|\underline{x}|, |\overline{x}|)$

Le centre et la longueur représentent le barycentre et la dispersion de l'intervalle. La valeur absolue d'un intervalle correspond à rechercher le maximum de la valeur absolue de ses bornes, ce qui permet de respecter la condition : $|x| \leq |[x]|$.

3.2.2 Opérations arithmétiques par intervalles

Les intervalles peuvent être vus comme des ensembles et les opérations sur les ensembles sont applicables comme : l'égalité ($=$), l'appartenance ($\in$), l'inclusion stricte ($\subset$) et large ($\subseteq$), l'intersection ($\cap$), la relation d'ordre etc...

Les intervalles peuvent également être vus comme des couples de réels sur lesquels on peut appliquer les quatre opérations arithmétiques de base : l'addition, la soustraction, la multiplication et la division.

Soient $[x]$ et $[y]$ deux intervalles, les opérations arithmétiques $o = \{+, -, .., /\}$ entre ces deux intervalles sont présentées dans le tableau (3.1) récapitulatif suivant :

	Résultat obtenu à l'issu des opérations
Addition	$[x] + [y] = [\underline{x} + \underline{y}, \overline{x} + \overline{y}]$
Négation	$-[x] = [-\overline{x}, -\underline{x}]$
Soustraction	$[x] - [y] = [\underline{x} - \overline{y}, \overline{x} - \underline{y}]$
Multiplication	$[x] * [y] = [min(\underline{xy}, \underline{x}\overline{y}, \overline{x}\underline{y}, \overline{xy}), max(\underline{xy}, \underline{x}\overline{y}, \overline{x}\underline{y}, \overline{xy})]$
Inversion	$1/[x] = [1/\overline{x}, 1/\underline{x}]$ si $0 \notin [x]$
Division	$[x]/[y] = [min(\underline{x}/\overline{y}, \underline{x}/\underline{y}, \overline{x}/\overline{y}, \overline{x}/\underline{y}), max(\underline{x}/\overline{y}, \underline{x}/\underline{y}, \overline{x}/\overline{y}, \overline{x}/\underline{y})]$ si $0 \notin [y]$

TABLE 3.1: Opérations arithmétiques sur 2 intervalles

Ces résultats sont toutes les solutions possibles du calcul $[x] \, o \, [y]$ telles que :

$$[x] \, o \, [y] = \{x \, o \, y \mid x \in [x] \text{ et } y \in [y]\} \qquad (3.2)$$

On peut constater que dans ce tableau (3.1), l'opération d'inversion de l'intervalle $[x]$ est vérifiée lorsque la valeur 0 n'est pas élément de $[x]$. Si cette condition n'est pas vérifiée, alors l'inverse de $[x]$ ne peut être ni connexe, ni compact ce qui est en contradiction avec la définition d'un intervalle. Dans le cas où 0 est élément de l'intervalle $[x]$ ou $[y]$, le résultat de la multiplication entre ces deux intervalles est présenté dans le tableau (3.2) suivant [52].

Le produit de deux intervalles $[x] * [y]$	$0 \le \underline{y}$	$\underline{y} \le 0 \le \overline{y}$	$\overline{y} \le 0$
$0 \le \underline{x}$	$[\underline{x}\underline{y}, \overline{x}\overline{y}]$	$[\overline{x}\underline{y}, \overline{x}\overline{y}]$	$[\overline{x}\underline{y}, \underline{x}\overline{y}]$
$\underline{x} \le 0 \le \overline{x}$	$[\underline{x}\overline{y}, \overline{x}\overline{y}]$	$[min(\underline{x}\overline{y}, \overline{x}\underline{y}), max(\underline{x}\underline{y}, \overline{x}\overline{y})]$	$[\overline{x}\underline{y}, \underline{x}\underline{y}]$
$\overline{x} \le 0$	$[\underline{x}\overline{y}, \overline{x}\underline{y}]$	$[\underline{x}\overline{y}, \underline{x}\underline{y}]$	$[\overline{x}\overline{y}, \underline{x}\underline{y}]$

TABLE 3.2: Opération de multiplication sur deux intervalles

3.2.2.1 Propriétés des opérations arithmétiques

Soient $[x]$, $[y]$, $[z]$ trois intervalles bornés indépendants : les propriétés des opérations sont :

— **Associativité** : $[x]+([y]+[z]) = ([x]+[y])+[z]$ *et* $[x]*([y]*[z]) = ([x] * [y]) * [z]$
— **Commutativité** : $[x] + [y] = [y] + [x]$ *et* $[x] * [y] = [y] * [x]$
— **Distributivité** : elle n'est pas respectée comme pour les valeurs réelles car on ne peut obtenir généralement qu'une inclusion : $[x] * ([y] + [z]) \subseteq [x] * [y] + [x] * [z]$ ou $([z] + [y]) * [x] \subseteq [z] * [x] + [y] * [x]$.(l'opération $'+'$ peut être remplacée par $'-'$)

Les exemples suivants permettent d'illustrer les opérations élémentaires du calcul par intervalles :

$$
\begin{aligned}
[1,2] + [3,4] &= [4,6] \\
2/[1,2] &= [1,2] \\
[2,5] - [0,2] &= [0,5] \\
[1,2] * [3,4] &= [3,8] \\
[-1,2] * ([2,3] + [-4,5]) &= [-1,2][-2,8] = [-8,16] \\
[-1,2] * [2,3] + [-1,2] * [-4,5] &= [-3,6] + [-8,10] = [-11,16]
\end{aligned}
\tag{3.3}
$$

3.2.2.2 Fonctions élémentaires

Les fonction réelles (valeurs absolue, fonction puissance, racine carrée, exponentielle, logarithme, sinus, arctangente...) peuvent être éten-

37

dues dans le cadre des intervalles :

$$f[x] = \{f(x) \mid x \in [x]\} \tag{3.4}$$

Cette fonction intervalle a les bornes comme suit

$$f[x] = [f(\underline{x}), f(\overline{x})] \tag{3.5}$$

si la fonction f est croissante et monotone. Si elle est décroissante et monotone, elle a les bornes suivantes :

$$f[x] = [f(\overline{x}), f(\underline{x})] \tag{3.6}$$

L'extension de quelques fonctions réelles sont présentée dans le tableau (3.3) suivant :

Fonction réelle	Extension intervalle
$exp(x)$	$exp[x] = [exp(\underline{x}), exp(\overline{x})]$
$ln(x), x > 0$	$ln[x] = [ln(\underline{x}), ln(\overline{x})]\ [x] > 0$
$\sqrt{x}, x > 0$	$[x]^{1/2} = [\underline{x}^{1/2}, \overline{x}^{1/2}]\ [x] > 0$

TABLE 3.3: Extension intervalle de quelques fonctions élémentaires

3.2.3 Notions de Pavés, sous-pavages et pavages

3.2.3.1 Pavés

La notation d'intervalle peut aisément être étendue au cas d'un vecteur (ou sous le nom pavé) $\boldsymbol{x}$ constitué de n variables réelles $x_i \in R$, $i \in \{1, 2, ..., n\}$. Le vecteur intervalle (ou le pavé) $[\boldsymbol{x}]$ contenant $\boldsymbol{x}$ se définit comme suit :

$$[\boldsymbol{x}] = [[x_1], [x_2], ..., [x_n]]^T \tag{3.7}$$

Où chaque intervalle $[x_i] = [\underline{x_i}, \overline{x_i}]$ est associé à une variable réelle x_i. Les caractéristiques d'un pavé sont décrites comme suit :
— Le centre : $mid([\boldsymbol{x}]) = [mid([x_1]), mid([x_2]), ..., mid([x_n]]^T$
— La longueur du pavé $w([\boldsymbol{x}]) = max(w[x_i])$
Exemple d'un pavé :

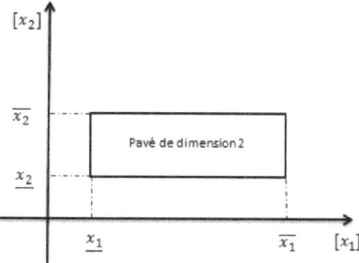

FIGURE 3.1: Exemple d'un pavé de dimension 2

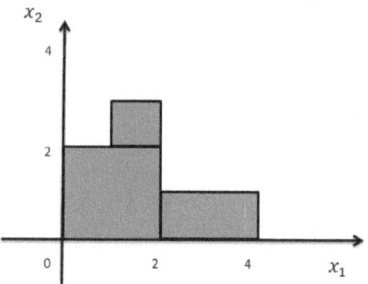

FIGURE 3.2: Exemple d'un sous-pavage

3.2.3.2 Sous-Pavages et Pavages

Un sous-pavage est défini comme une union de pavés. En particulier, un sous-pavage régulier est constitué d'un ensemble de pavés disjoints ou des pavés qui ne partagent que leurs frontières.

Sur la figure (3.2), le sous-pavage est formé de trois pavés qui sont : $\{[0,2]*[0,2],[1,2]*[2,3],[2,4]*[0,1]\}$. Et ce sous-pavage peut être considéré comme inclus dans le pavé $[x] = [0,4]*[0,4]$.

Lorsqu'un sous-pavage $\mathcal{P}$ recouvre tout le pavé $[x]$, $\mathcal{P}$ est appelé pavage de $[x]$.

Ces notions sont très importantes par la suite parce qu'elles permettront d'expliquer en détail les résultats obtenus, ainsi que les difficultés rencontrées.

Avant de présenter les méthodes de résolution par intervalle proprement dit, nous allons aborder quelques méthodes d'évaluation par intervalle d'une fonction.

3.3 Fonctions d'inclusion

3.3.1 Introduction

Cette partie a pour objet de présenter les différentes techniques d'évaluation de fonctions vectorielles dont les variables sont des intervalles. Elle va introduire les techniques de base d'évaluation de fonction par intervalles et différentes fonctions d'inclusion.

3.3.2 Fonction d'inclusion

Définition 8. *Soit $f(x)$, $x = [x_1, x_2, x_3, ..., x_n]^T$ une fonction de R^n dans R^m. Une fonction d'inclusion de f est une fonction intervalle $[f]$ qui vérifie la propriété d'inclusion suivante :*

$$\forall [x] \in IR, f([x]) \subseteq [f]([x]) \tag{3.8}$$

où $f([x]) = \{f(x) \mid x \in [x]\}$ est l'ensemble image du pavé $[x]$ par la fonction réelle f.

Définition 9. *Une fonction d'inclusion est dite minimale, pour f, notée $[f]^*([x])$ si $[f]^*([x])$ est le plus petit vecteur intervalle qui contient $f([x])$, ce qui implique :*

$$[f]^*([x]) = [f([x])] \tag{3.9}$$

En général, la fonction d'inclusion n'est pas unique et elle dépend de la manière dont $[f]$ est écrite. En fait, l'objectif général de l'analyse par intervalles est de trouver des fonctions d'inclusion peu pessimistes dans le sens où l'écart entre $w([f]([x]))$ et $w([f]^*([x]))$ est le plus petit possible ce qui permettra d'approcher au mieux l'ensemble image.

Définition 10. *: Selon [50] une fonction d'inclusion $[f]$ est dite monotone au sens de l'inclusion si :*

$$[x] \subset [y] \Rightarrow [f]([x]) \subset [f]([y]) \tag{3.10}$$

Définition 11. *: Une fonction d'inclusion $[f]$ est dite convergente si la propriété suivante est vérifiée :*

$$\lim w([x]) = 0 \Rightarrow \lim w([f][x]) = 0 \tag{3.11}$$

3.3.3   Fonction d'inclusion naturelle

une fonction d'inclusion naturelle, d'une fonction de plusieurs variables, est définie de la manière suivante :

Définition 12. *Soit $f(x)$, $x = [x_1, x_2, x_3, ..., x_n]^T$ une fonction de R^n à valeurs dans R^m, la fonction d'inclusion monotone au sens de l'inclusion dite naturelle $[f_n]$ est obtenue en remplaçant toutes les variables x_i par l'intervalle $[x_i]$ correspondant et chaque opération arithmétique ou élémentaire par son équivalent intervalle.*

Si l'ensemble des opérateurs et fonctions élémentaires qui composent cette fonction sont continus, alors cette fonction $[f_n]$ est convergente. Cette fonction d'inclusion naturelle $[f_n]$ est minimale lorsque chaque variable $[x_i]$ apparaît seulement une fois. En général, la fonction d'inclusion naturelle $[f_n]$ ne donne pas un résultat minimal. Cela est expliqué à travers les exemples suivants.

Exemple : Considérons les trois manières d'écrire une même fonction réelle :

$$f_1(x) = (x-1)^2 \tag{3.12}$$
$$f_2(x) = (x-1) * (x-1)$$
$$f_3(x) = x^2 - 2*x + 1$$

En fixant la variable intervalle $[x] = [\text{-2,2}]$, on peut calculer le résultat de la fonction d'inclusion naturelle $[f_{n_i}]$ correspondant à chaque manière d'écrire comme suit :

$f_{n_1}([\text{-2,2}]) = ([\text{-2,2}]\text{-1})^2 = [0,9]$
$f_{n_2}([\text{-2,2}]) = ([\text{-2,2}]\text{-1})*([\text{-2,2}]\text{-1}) = [\text{-3,9}]$
$f_{n_3}([\text{-2,2}]) = ([\text{-2,2}])^2 \text{-2}*([\text{-2,2}]) + 1 = [\text{-3,9}]$

On peut constater facilement que pour une même fonction réelle, mais avec trois écritures différentes pour les fonctions d'inclusion naturelle correspondantes, nous obtenons des résultats très différents. La fonction f_{n_1} qui fait apparaître la variable x seulement une fois est optimale par rapport aux autres fonctions f_{n_2} et f_{n_3} en utilisant l'ensemble image $f_{n_1}([x])$ exact. Cette différence est due aux problèmes de dépendance et d'enveloppement sur lesquels on reviendra un peu plus tard ; notons cependant que dans tous les cas, la propriété d'inclusion assure que l'ensemble image recherché est bien intégralement contenu dans l'intervalle calculé.

41

3.3.4 Fonction d'inclusion centrée

Selon [24, 40], ce type de fonction d'inclusion nous permet d'obtenir de meilleurs résultats au sens moins pessimistes lorsqu'on rencontre des problèmes de multi-occurences de variables dans les fonctions dans certaines situations.

Soit la fonction $f : R^n \rightarrow R$ différentiable sur un pavé $[\boldsymbol{x}]$. Soit $\hat{\boldsymbol{x}} = mid([\boldsymbol{x}])$ le centre du pavé $[\boldsymbol{x}]$. En se basant sur le théorème de la valeur moyenne [52],

$$\forall \boldsymbol{x} \in [\boldsymbol{x}], \exists \zeta \in [\boldsymbol{x}] | f(\boldsymbol{x}) = f(\hat{\boldsymbol{x}}) + J(\zeta)(\boldsymbol{x} - \hat{\boldsymbol{x}}) \qquad (3.13)$$

où J est le Jacobien de la fonction f. Supposons qu'il existe une fonction d'inclusion $[J]$ de J, on obtient :

$$\forall \boldsymbol{x} \in [\boldsymbol{x}], f(\boldsymbol{x}) \in f(\hat{\boldsymbol{x}}) + [J]([\boldsymbol{x}])([\boldsymbol{x}] - \hat{\boldsymbol{x}}) \qquad (3.14)$$

et

$$f([\boldsymbol{x}]) \subseteq f(\hat{\boldsymbol{x}}) + [J]([\boldsymbol{x}])([\boldsymbol{x}] - \hat{\boldsymbol{x}}) \qquad (3.15)$$

Ce qui nous donne la fonction d'inclusion centrée $[f_c]$ de f définie comme suit :

$$f([\boldsymbol{x}]) \subseteq [f_c](\boldsymbol{x}) = f(\hat{\boldsymbol{x}}) + [J]([\boldsymbol{x}])([\boldsymbol{x}] - \hat{\boldsymbol{x}}) \qquad (3.16)$$

Cette fonction nous donne un résultat plus précis par rapport à la fonction d'inclusion naturelle dans le cas où la taille des intervalles est assez petite.

3.3.5 Fonction d'inclusion de Taylor

Le fait d'utiliser le théorème de la valeur moyenne dans le cas d'une fonction d'inclusion centrée peut nous faire penser à la série de Taylor pour mieux approcher la fonction f en utilisant un ordre de dérivation plus élevé [53]. Cela nous permet de définir la fonction d'inclusion de Taylor $[f_t]$ via un exemple de la fonction d'inclusion de Taylor du second ordre comme suit :

$$[f_t]([\boldsymbol{x}]) = f(\hat{\boldsymbol{x}}) + J([\boldsymbol{x}])([\boldsymbol{x}] - \hat{\boldsymbol{x}}) + 1/2([\boldsymbol{x}] - \hat{\boldsymbol{x}})^t[\mathbf{H}]([\boldsymbol{x}])([\boldsymbol{x}] - \hat{\boldsymbol{x}}) \quad (3.17)$$

Où $\mathbf{H}$ est la matrice hessienne de la fonction f et $[\mathbf{H}]$ est sa fonction d'inclusion. Chaque élément $[\mathbf{H}]_{ij}$ est une fonction d'inclusion de :

$$h_{ij} = \begin{cases} \delta^2 f/\delta x_i^2 & if \; j = i \quad (i = 1, 2, ..., n) \\ 2\delta^2 f/\delta x_i x_j & if \, j \leq i \quad (i = 1, 2, ..., n) \\ 0 & sinon \end{cases} \qquad (3.18)$$

Pour les intervalles à faible dimension, la fonction d'inclusion de Taylor peut nous donner un résultat assez satisfaisant. Cependant, en augmentant la taille des intervalles dans la matrice $[\mathbf{H}]([\boldsymbol{x}])$, cela peut nous conduire à une augmentation du pessimisme dans les calculs. Ce pessimisme peut être réduit en remplaçant $[\mathbf{H}]([\boldsymbol{x}])$ par une expression mixte $[\mathbf{H}](mid([\boldsymbol{x}]), [\boldsymbol{x}])$ comme dans la fonction d'inclusion centrée. Par contre, si on veut appliquer cette fonction d'inclusion $[f_t]$ avec un ordre de dérivation n, cela entraine une dérivation de la fonction f à ordre n ce qui est très lourd à faire. Pour conclure, cette fonction d'inclusion reste toujours applicable pour les fonctions d'intervalles de petite taille.

3.3.6 Comparaison entre les fonctions d'inclusion

Selon les critères proposés par [51], les fonctions d'inclusion naturelle, centrée et de Taylor peuvent être comparées par leur ordre de convergence qui est le plus grand entier α tel que :

$$\exists \beta | w([f]([\boldsymbol{x}])) - w([f([\boldsymbol{x}])]) \leq \beta w([\boldsymbol{x}])^\alpha \qquad (3.19)$$

Lorsque $w([\boldsymbol{x}])$ tend vers 0, une fonction d'inclusion est minimale lorsque son ordre de convergence est infini. Le tableau (3.4) récapitulatif ci-dessous nous donne une vue globale sur la comparaison de l'ordre de convergence des fonctions d'inclusion, ainsi que leur pessimiste généré avec les différentes tailles de problèmes traités.

Pour mieux comparer ces fonctions d'inclusion, on considère la fonction f suivante :

$$f(x) = x^2 + sin(x) \qquad (3.20)$$

Et les deux intervalles que la variable x peut prendre : $[x_1] = [2\pi/3, 4\pi/3]$ et $[x_2] = [99\pi/100, 101\pi/100]$. On va faire la comparaison entre les trois fonctions d'inclusion : naturelle $[f_n]$, centrée $[f_c]$ et de Taylor $[f_t]$ en se basant sur l'erreur entre ces fonctions d'inclusion par rapport à la fonction d'inclusion minimale $[f]^*$.

	$[f_n]$	$[f_c]$	$[f_t]$
L'ordre de convergence α minimal	$\alpha \geq 1$	$\alpha \geq 2$	$\alpha \geq 2$
La taille $[\boldsymbol{x}]$ est faible	Le pessimisme est grand par rapport aux $[f_c]$ et $[f_t]$	Le pessimisme est faible par rapport à $[f_n]$	La pessimiste est faible par rapport à $[f_n]$
La taille $[\boldsymbol{x}]$ est grande	Le pessimisme est faible par rapport aux $[f_c]$ et $[f_t]$	Le pessimisme est grand par rapport à $[f_n]$	Le pessimisme est grand par rapport à $[f_n]$

TABLE 3.4: Comparaison entre les fonctions d'inclusion

Les trois fonctions d'inclusion sont :

$$[f_n]([x]) = [x]^2 + sin([x]) \tag{3.21}$$

$$[f_c]([x]) = f(\pi) + ([x] - \pi)[f'][([x]) \tag{3.22}$$

$$[f_t]([x]) = f(\pi) + ([x] - \pi)[f']([x]) + ([x] - \pi)^2/2[f'']([x]) \tag{3.23}$$

Où $f'(x) = 2x + \cos(x)$, $f''(x) = 2 - \sin(x)$ et la fonction d'inclusion minimale $[f]^*([x])$ est donnée comme suite :

$$[f]^*([x]) = [\underline{x}^2 + \sin(\underline{x}), \overline{x}^2 + \sin(\overline{x})] \tag{3.24}$$

Les résultats obtenus pour chaque fonction d'inclusion et la comparaison entre ces fonctions d'inclusion sont présentés dans le tableau récapitulatif comme suit :

	$[x_1] = [2\pi/3, 4\pi/3]$		$[x_2] = [99\pi/100, 101\pi/100]$	
$[f]$	$[f]([x_1])$	$\Delta[f]([x_1])$	$[f]([x_2])$	$\Delta[f]([x_2])$
$[f_n]$	[3,52,18,41]	3,46	[9,64,10,09]	0,12
$[f_c]$	[1,62,18,11]	5,07	[9,70,10,03]	0
$[f_t]$	[4,33,16,97]	1,2	[9,70,10,03]	0
$[f]^*$	[5,25,16,67]	0	[9,70,10,03]	0

TABLE 3.5: Comparaison le pessimisme entre les fonctions d'inclusion

Ce tableau (3.5) nous montre que l'on ne peut pas conclure qu'une fonction d'inclusion soit meilleure que d'autres dans toutes les situations.

44

Effectivement, comme la propriété de convergence de [51] est asymptotique, il est plus préférable d'utiliser la fonction d'inclusion naturelle pour les intervalles de grande taille. Les fonction d'inclusion centrée et Taylor sont plus appropriées pour les intervalles à taille faible.

En général, la fonction d'inclusion minimale $[f]^*$ est facilement obtenue lorsque chaque variable x_i n'apparaître qu'une seule fois dans la fonction f. Or ce n'est pas toujours le cas et cela entraine une erreur entre $w([f]([x]))$ et $w([f]^*([x]))$, appelé le pessimisme, qui est parfois non négligeable et nécessite un choix approprié de la fonction d'inclusion choisie.

3.3.7 Le pessimisme dans le calcul par intervalles

Comme présenté dans la sous-section (3.2.2.1) de ce chapitre, le résultat d'une suite d'opérations entre deux ou plusieurs intervalles n'est généralement pas minimal. Et on peut distinguer deux aspects de ce problème : le problème de dépendance et le phénomène d'enveloppement.

3.3.7.1 Problème de dépendance

Le problème de dépendance inhérent au calcul par intervalles, lorsqu'une fonction contient plusieurs occurrences de variables bornées, est lié En fait de travailler sur des ensembles et non sur les variables elles-mêmes. Considérons une variable x_i avec son support intervalle $[x_i] = [\underline{x}, \overline{x}]$, et une opération $o \in \{+, -, *, /\}$. Prenons le cas où la variable x_i intervient deux fois dans une même fonction sous la forme : $[x_i] \ o \ [x_i]$. Le résultat que l'on obtient sera donc :

$$[x_i] \ o \ [x_i] = \{x_i \ o \ x_j | x_i \in [x_i], \ x_j \in [x_i]\} \ au \ lieu \ de \ \{x_i o x_i | x_i \in [x_i]\} \tag{3.25}$$

Effectivement, bien que l'on traite le même support intervalle pour les deux occurrences d'une même variable, la fonction d'inclusion utilisée (quelque soit celle choisie) les considère comme deux variables indépendantes. Ce problème génère du pessimisme sur les résultats obtenus dans le sens où l'évaluation d'une fonction intervalle conduit à une surestimation de l'ensemble image recherché [51, 52, 25].

Exemple : Reprenons l'exemple (3.12) avec $[x] = [-5,5]$ et les différences façons de l'écrire comme suit :

$$f_1(x) = (x-1)^2 \tag{3.26}$$
$$f_2(x) = (x-1)*(x-1) \tag{3.27}$$
$$f_3(x) = x^2 - 2*x + 1 \tag{3.28}$$

En appliquant la fonction d'inclusion naturelle $[f_n]([x])$, on obtient les résultats suivants :

$$[f_{n_1}]([x]) = [0, 36] \tag{3.29}$$
$$[f_{n_2}]([x]) = [-24, 36]) \tag{3.30}$$
$$[f_{n_3}]([x]) = [-9, 36] \tag{3.31}$$

Pour ces fonctions d'inclusions, $[f_{n_1}]([x])$ est la fonction d'inclusion minimale $[f]^*([x])$ parce qu'elle engendre le plus petit intervalle, par rapport aux deux autres résultats, qui contient $f([x])$. Quant aux deux fonctions $[f_{n_2}]([x])$ et $[f_{n_3}]([x])$, elles sont très pessimistes, notamment la fonction $[f_{n_2}]([x])$.

Ce problème de dépendance est absent pour les fonctions qui contiennent seulement des variables mono occurrence ou encore lorsqu'il est possible de réduire le nombre d'occurrences des variables dans la fonction afin d'éviter le problème de dépendance en essayant de regrouper les mêmes variables ensemble comme pour la première écriture $f_1(x)$.

La figure (3.3) suivante permet d'illustrer ce problème de dépendance sur l'exemple proposé :

3.3.7.2 Phénomène d'enveloppement

Soit $[f]([\boldsymbol{x}])$: $IR^n \to IR^m$ une fonction d'intervalle. Quelque soit l'ensemble image produit par $f(\boldsymbol{x})$, on peut trouver toujours une fonction d'inclusion $[f]$ qui enveloppe cette image-là. Cependant, dû aux problèmes de pessimisme, le meilleur pavé que l'on peut générer est la fonction d'inclusion minimale $[f]^*$ qui est le plus petit pavé contenant tous les éléments de $f(\boldsymbol{x})$. Or ce petit pavé obtenu par $[f]^*$ ne peut pas toujours être bien ajusté avec l'image de $f(\boldsymbol{x})$ lorsqu'elle n'est pas un pavé. Ce phénomène est présenté à travers la figure (3.4) :

On peut constater que la boite orange ne fait pas partie du résultat $f(\boldsymbol{x})$. Cependant, comme on ne sait travailler qu'avec des boites, la boite orange appartient au résultat avec ce phénomène d'enveloppement.

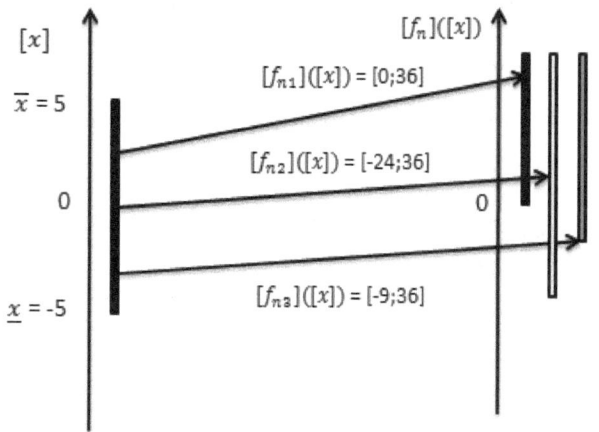

FIGURE 3.3: Problème de dépendance

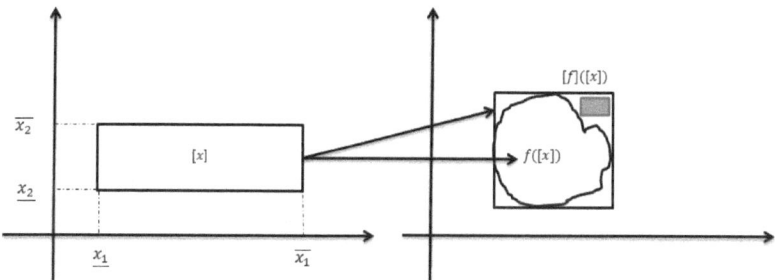

FIGURE 3.4: Phénomène d'enveloppement

3.3.8 Conclusion

Dans cette partie, quelques notions et fonctions d'inclusions sont présentées avec quelques exemples illustratifs. Il y a des fonctions d'inclusion qui permettent d'optimiser mieux que d'autres en terme de résultats obtenus dans certains cas mais pas tous. En général, plus la qualité d'une fonction d'inclusion est bonne, plus la complexité algorithmique de cette fonction est grande.

Cette section nous montre également les problèmes de dépendance et d'enveloppement qui causent le pessimisme dans les fonctions d'inclusion. Afin de faire face au pessimisme, les méthodes d'inversion ensembliste sont une approche possible.

47

3.4 Méthode d'inversion ensembliste

3.4.1 Principe

Considérons la fonction réelle suivante :

$$y = f(x) \tag{3.32}$$

où l'image y par f est contrainte d'appartenir à un pavé donnée $[y]$ et le vecteur $x = [x_1, x_2, ..., x_n]^T$ représente les inconnues recherchées. La méthode d'inversion ensembliste consiste à résoudre ce problème d'inversion et à trouver toutes les solutions S telles que :

$$S = \{x \in [x] | f(x) \in [y]\} \tag{3.33}$$

Que l'on peut réécrire sous la forme :

$$S = f^{-1}([y]) \cap [x] \tag{3.34}$$

Où $[y]$ est connu à priori et $[x]$ est le pavé des variables inconnues (appelé l'espace de recherche).

Généralement, les méthodes d'inversion ensembliste se basent sur l'élimination ou/et la réduction de l'espace de recherche des variables afin de trouver un sous-pavages inclus dans $[x]$ et qui donnent des images inclus dans $[y]$.

3.4.2 Méthode de bissection

Les méthodes qui se basent sur la bissection et l'élimination comme : SIVIA [35, 36] repose sur un algorithme récursif qui permet d'explorer tout l'espace de recherche $[x]$. Il consiste à effectuer respectivement l'opération de bissection et le test d'inclusion. A chaque itération, la bissection permet de couper l'espace de recherche $[x]$ en pavage de $[x]$. Ensuite, le test d'inclusion permet de vérifier si les images des pavés produits par la fonction d'inclusion $[f]([x_i])$ sont inclues ou non dans $[y]$.

Définition 13. *Un test d'inclusion sert à vérifier si l'image de tous les points d'un pavé $[x_i]$ est à l'intérieur de $[y]$, à l'extérieur de $[y]$ ou le chevauche.*

Ensuite, seuls les pavés $[x_i]$ qui vérifient le test d'inclusion sont retenus pour l'itération suivante. Et pour chaque $[x_i]$ retenu, il sera coupé, testé et ainsi de suite jusqu'au moment où la méthode atteint la condition d'arrêt que l'on va expliquer un peu plus tard. Le principe de la méthode est présenté sur la figure suivante (3.5) :

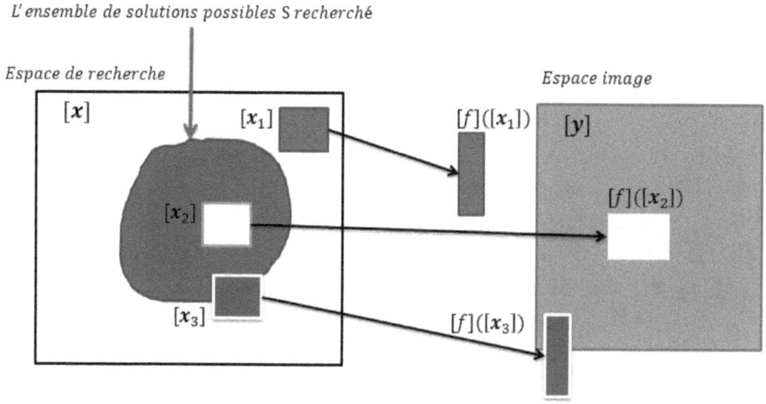

FIGURE 3.5: Principe du test d'élimination

A travers cette figure, on peut constater que pour l'image calculée par la fonction d'inclusion avec chaque pavé $[x_i]$, il y a trois possibilités :

1. $[f]([x_i]) \cap [y] = [f]([x_i])$ est le cas où l'image calculée $[f]([x_i])$ est complètement à l'intérieur de $[y]$ (comme pour $[x_2]$), cela signifie que tous les éléments dans ce pavé $[x_i]$ sont forcement solutions. Notons S_{int} l'union de ces pavés $[x_i]$. Quand un pavé de ce type est trouvé, on peut le faire passer directement dans S_{int} que l'on appelle également les boites d'approximation intérieure.

2. $[f]([x_i]) \cap [y] = \{\emptyset\}$ est le cas où l'image calculée $[f]([x_i])$ est complètement à l'extérieure de $[y]$ (comme pour $[x_1]$). Notons S_{eli} l'union de ces pavés, cela signifie qu'il n'y a pas du tout de solutions dans ce $[x_i]$. Quand un pavé de ce type est trouvé, on peut le faire passer directement dans S_{eli} pour indiquer que c'est un pavé à éliminer.

3. Le cas intermédiaire est celui où l'intersection entre $[f]([x_i]) \cap [y]$ n'est pas vide mais ne couvre pas totalement $[f]([x_i])$ (comme pour $[x_3]$). Ce cas est rencontré lorsque $[f]([x_i])$ est en chevauchement avec $[y]$, cela signifie que ce pavé $[x_i]$ peut contenir éventuellement des solutions. Notons S_{ext} l'union de ces pavés. Quand un pavé de ce type est trouvé, alors si sa taille est inférieure à un seuil fixé, on peut le faire passer dans S_{ext} que l'on appelle

49

également les boites d'approximation extérieure, sinon on peut continuer à le découper.

Algorithm 1 Méthode d'élimination par la bissection $([f],[x],[y],\epsilon,S_{int},S_{ext})$

Require: Initialiser $S_{int} = \{\}$ et Initialiser $S_{ext} = \{\}$ pour la première itération
  if $[f]([x]) \cap [y] = \{\}$ **then**
    return
  else if $[f]([x]) \subset [y]$ **then**
    $S_{int} = S_{int} \cup [x]$
  else if $[f]([x]) \cap [y] \neq \{\}$ **then**
    if $w([x]) < \epsilon$ **then**
      $S_{ext} = S_{ext} \cup [x]$
    else
      Bissecter $[x]$ en $[x_1]$ et $[x_2]$
      Méthode d'élimination par la bissection$([f],[x_1],[y],\epsilon,S_{int},S_{ext})$
      Méthode d'élimination par la bissection$([f],[x_2],[y],\epsilon,S_{int},S_{ext})$
    end if
  end if

A l'issue de cet algorithme, on peut obtenir deux unions de pavés S_{int} et S_{ext} qui contiennent l'ensemble de solutions dans S_{int} et les éventuelles solutions dans S_{ext} avec la taille des pavés inférieure à un seuil θ fixé au départ. Plus la taille de θ est petite, plus on réduit la taille des boites dans S_{ext} en espérant de trouver plus de solutions dans S_{int} et en éliminant des pavés qui ne contiennent pas de solutions. Cependant, la diminution de la taille de θ entrainera une augmentation de la complexité algorithmique lors des traitements des pavés.

Exemple : Considérons le système d'équations comme suit :

$$\begin{cases} f_1(x_1, x_2) &= (x_1 - 1)^2 + x_2 \\ f_2(x_1, x_2) &= x_1^2 + x_2^2 \end{cases} \quad (3.35)$$

Et $[x] = [[x_1], [x_2]]^T = [[-5,5], [-5,5]]^T$ et $[y] = [[y_1], [y_2]]^T = [[0,2], [1,\infty]]^T$. Avec la méthode d'élimination par la bissection, on obtient l'ensemble des résultats S_{int} et S_{ext} comme suit : (les boites en bleu représentent les solutions de S_{int} et les boites en rouge représentent les solutions de S_{ext}) (figure (3.6))

Lorsqu'on découpe des pavés $[x]$ en plusieurs sous-pavés afin de pouvoir les traiter plus tard, il y a différentes stratégies de bissection que l'on peut lister :

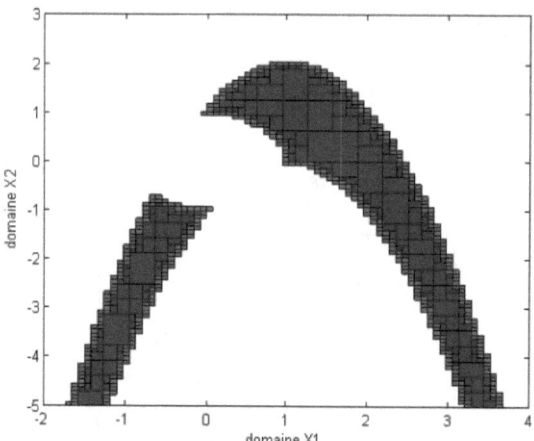

FIGURE 3.6: Résultats obtenus avec la méthode d'élimination par la bissection

— celle de [51] qui consiste à découper les sous pavés qui ont une taille $w([x])$ supérieure aux autres.

— celle de [57] qui consiste à choisir la direction de bissection qui permet de minimiser la taille de $[f]([x])$ en utilisant la fonction d'inclusion centrée.

Cependant, bien que cette famille de méthodes nous donne une garantie des solutions obtenues sans en perdre aucune, le problème majeur de cette méthode vient de la bissection. A chaque itération, elle découpe l'espace de recherche en plusieurs pavés pour les traiter plus tard ce qui fait que la complexité algorithmique de cette famille de méthode est exponentielle. Donc l'utilisation de cette méthode est assez limitée et c'est applicable pour des problèmes de petite taille (en dimension de l'espace de recherche).

3.4.3 Méthode de réduction

Ce sont les méthodes qui se basent sur la réduction comme : Gauss-Seidel [26] pour les fonctions linéaires, la méthode de Krawczyk [51] et [52], la méthode de Newton par Intervalle [51, 26] pour les fonctions non-linéaires. Ces méthodes de réduction sont différentes de celles de bissection car elles cherchent à calculer le plus petit pavé $[x']$ possible inclus dans le pavé $[x]$ initial tel que toutes les solutions possibles dans $[x]$ se trouvent aussi dans $[x']$. Pour les fonctions non-linéaires, il va nous falloir les linéariser avant de les résoudre (Figure(3.7)).

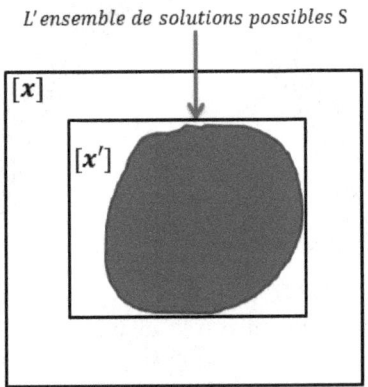

FIGURE 3.7: Principe de la méthode de réduction

Avec une complexité plus faible, cette approche peut être utilisée comme un moyen pour réduire les domaines des variables tout en limitant le recours aux bissections. Cependant, elle ne peut pas donner les solutions aussi fines que l'approche de bissection. On peut diviser cette approche de réduction en deux familles dont la première consiste à traiter les cas linéaires et la deuxième permet de traiter les cas non-linéaires.

3.4.3.1 Cas linéaire

Considérons le système d'équations suivant :

$$[A] * [x] = [b] \tag{3.36}$$

Avec $A \in IR^{n*n}$ est une matrice carrée dont les éléments sont des intervalles et $[b] \in IR^n$. L'ensemble de toutes les solutions de (3.36) est donné par :

$$S = \{x \in R^n | \exists A \in [A], \exists b \in [b], A * x = b\} \tag{3.37}$$

Quelques méthodes vont être présentées pour résoudre ce problème (3.37).

3.4.3.2 Méthode d'élimination de Gauss

Cette méthode est basée sur la technique de décomposition LU qui permet de décomposer la matrice A en une matrice triangulaire inférieure L et une matrice triangulaire supérieure U. Et cela nous permet d'obtenir l'équation :

$$(L+U)\,x = b \tag{3.38}$$

Et en bornant les termes réels, dans l'équation (3.38), avec un intervalle, on obtiendra la méthode d'élimination de Gauss par intervalle, que l'on note C_{eg}, sous la forme :

$$
\begin{aligned}
[y_1] &= [b_1] \\
[y_i] &= [b_i] - \sum_{j=1}^{i-1}[L_{ij}][y_j],\ pour\ i = 2,...,n
\end{aligned}
\tag{3.39}
$$

Et

$$
\begin{aligned}
[x_n] &= ([y_n]/[u_{nn}]) \cap [x_n] \\
[x_i] &= (([y_i] - \sum_{j=i+1}^{n}[U_{ij}][x_j])/[u_{ii}]) \cap [x_i],\ pour\ i = n-1,...,1
\end{aligned}
\tag{3.40}
$$

On peut constater que les deux coefficients $[L_{ij}]$ et $[U_{ij}]$ apparaissent plusieurs fois dans (3.39) et (3.40) pour calculer $[y_i]$ et $[x_i]$ avec $i = \{1, 2, .., n\}$. Par conséquent, cette multi-occurrence engendre du pessimisme dans la réduction du domaine $[x]$. C'est pour cette raison que C_{eg} sera efficace lorsque la taille de $[A]$ est petite, la décomposition LU doit exister et il ne doit pas avoir d'éléments nuls dans la diagonale de la matrice $[U]$.

Exemple :
Avec

$$
[A] = \begin{pmatrix}
[4,5] & [-1,1] & [1,5,2,5] \\
[-0,5,0,5] & [-7,-5] & [1,2] \\
[-1,5,-0,5] & [-0,7,-0,5] & [2,3]
\end{pmatrix}
$$

$$
[b] = \begin{pmatrix}
[3,4] \\
[0,2] \\
[3,4]
\end{pmatrix}
$$

Et

$$[\boldsymbol{x}] = \begin{pmatrix} [-inf, inf] \\ [-inf, inf] \\ [-inf, inf] \end{pmatrix}$$

Avec l'algorithme C_{eg} nous obtenons :

$$[\boldsymbol{x}'] = \begin{pmatrix} [-1,819, 1, 168] \\ [-0, 414, 1, 725] \\ [0, 070, 3, 420] \end{pmatrix}$$

3.4.3.3 Méthode de Gauss-Seidel

Cette méthode se base également sur la décomposition de la matrice $[\boldsymbol{A}]$ en une matrice triangulaire inférieure $[\boldsymbol{L}]$ et une matrice triangulaire supérieure $[\boldsymbol{U}]$

De (3.38), l'opération de la méthode Gauss-Seidel, notée C_{gs} est définie comme suit :

$$C_{gs} : [\boldsymbol{x}] \to [\boldsymbol{x}] \cap [\boldsymbol{L}]^{-1}([\boldsymbol{b}] - [\boldsymbol{U}][\boldsymbol{x}]) \qquad (3.41)$$

Il s'agit d'effectuer une boucle qui répète C_{gs} permettant de réduire le pave $[\boldsymbol{x}]$ initial jusqu'au moment où on ne gagne plus beaucoup comparativement à un seuil fixé au départ.

Une extension de la méthode peut se retrouver dans [34, 26] qui utilisent les techniques de préconditionnement pour accélérer les calculs. En fait, ces techniques consistent à multiplier les deux côtés de l'équation $[\boldsymbol{A}][\boldsymbol{x}] = [\boldsymbol{b}]$ avec une matrice de préconditionnement Y afin d'obtenir de meilleurs résultats, ce qui nous donne l'équation suivante.

$$[\hat{\boldsymbol{A}}][\boldsymbol{x}] = [\hat{\boldsymbol{b}}] \qquad (3.42)$$

avec $[\hat{\boldsymbol{A}}] = Y * [\boldsymbol{A}]$ et $[\hat{\boldsymbol{b}}] = Y * [\boldsymbol{b}]$. On peut trouver un résumé des différents préconditioneurs comme : C^w, E^w, C^M dans [38]

3.4.3.4 Cas non-linéaire

Considérons une fonction f non-linéaire de R^n dans R^m dont on recherche les zéros sur un espace de recherche $[(\boldsymbol{x})]$

$$f(\boldsymbol{x}) = 0 \qquad (3.43)$$

avec $[f]([\boldsymbol{x}])$: une fonction d'inclusion de f.

Il existe plusieurs méthodes pour résoudre ce type de fonctions non-linéaires (3.43) dans la littérature dont les plus connues sont Krawczyk [52] et Newton par intervalle [26]. Ces méthodes sont composées de deux étapes, la première consiste à linéariser la fonction, puis la deuxième étape consiste à appliquer les méthodes de résolution d'une fonction linéaire comme la méthode Gauss-Seidel C_{gs} ou la méthode d'élimination de Gauss C_{ge} comme présentées précédemment.

3.4.3.5 Méthode de Krawczyk

L'idée a été élaborée dans [39] et approfondie dans [51] puis [52]. Soit $f(x) = 0 \mid x \in [x]$ et f différentiable; on a pour une matrice inversible M, $f(x) = 0 \Leftrightarrow x - Mf(x) = x$. Notons la fonction $\Psi(x) = x - Mf(x)$, $\Psi(x)$ est aussi la fonction du point fixe de f. La fonction d'inclusion centrée $[\Psi_c]$ de la fonction $\Psi(x)$ est :

$$[\Psi_c]([x]) = \Psi(\hat{x}) + [J_\Psi]([x]) * ([x] - \hat{x}) \qquad (3.44)$$

Où $[J_\Psi]$ est la fonction d'inclusion de la matrice Jacobienne de la fonction $\Psi(x)$ et $\hat{x} = mid([x])$. A partir de là, l'opération C_k de la méthode Krawczyk est définie comme suit :

$$C_k : [x] \to [x] \cap \Psi(\hat{x}) + [J_\Psi]([x]) * ([x] - \hat{x}) \qquad (3.45)$$

3.4.3.6 Méthode de Newton par intervalle

Soit $f(x) = 0 \mid x \in [x]$ et f est un système carré. La méthode Newton par intervalle se base également sur le théorème du point fixe qui consiste à trouver une fonction Ψ satisfaisant :

$$\Psi(x) = x - Mf(x) = x \qquad (3.46)$$

Dans le cas où la fonction f est affine, il est possible de réécrire la fonction f sous la forme $f(x) = Ax + b$ à condition que A soit une matrice inversible. Dans ce cas, la fonction $\Psi(x)$ devient :

$$\Psi(x) = x - M(Ax + b) \qquad (3.47)$$

avec $M = A^{-1}$ une matrice de préconditionnement.

Dans le cas où la fonction f n'est pas linéaire mais différentiable. On écrire la fonction f en une série de Taylor au premier ordre sous la forme $\Psi(x) = x - J^{-1}f(x)$ (avec J est la matrice de Jacobienne), alors la méthode Newton par intervalle, que l'on note C_n, est défini comme suit :

$$C_n : [x] \to [x] \cap ([x] - [J]^{-1}[f]([x])) \qquad (3.48)$$

3.5 Conclusion

L'objectif de ce chapitre était de présenter les différentes méthodes d'évaluation d'une fonction sur deux volets. Le premier consiste à introduire les différentes fonctions d'inclusion permettant de nous montrer qu'il y a des moyens très simples pour évaluer une fonction intervalle. Cependant, la partie suivante qui explique le pessimisme causé par les calculs intervalles nous a permis de comprendre que les problèmes de dépendance et d'enveloppement ne sont pas négligeables. Puis, le deuxième volet avait pour but de présenter les méthodes de résolution de fonctions tout en prenant en compte l'aspect du pessimisme éventuel dans les pavés de solutions.

Pour ce faire, l'approche d'inversion ensembliste a été introduite avec ses deux familles de méthodes différentes. La première famille est l'ensemble de méthodes basées sur la technique de bissection/élimination et la deuxième sur les techniques de réduction. Chaque type de méthode a des avantages et des inconvénients différents mais elles nous permettront de trouver de manière garantie toutes les solutions. Elles forment également la base de notre méthode, Inversion-Ensembliste, qui sera utilisée pour les tests de cohérence dans les chapitres suivants.

Chapitre 4

Génération de Relations de Redondance Analytique Symboliques dans le cas statique

4.1 Introduction

Comme présenté dans le chapitre précédent, les méthodes qui appartiennent à la famille des approches structurelles prennent en compte seulement les interactions entre les différentes variables du modèle afin de générer les Relations de Redondance Analytique (RRA). Ensuite, à partir de ces RRA générées, l'étape de l'évaluation des RRA sera effectuée pour tester la cohérence entre les informations mesurées que l'on possède. Et si ces tests de cohérence nous montrent que le système n'est pas en bon fonctionnement, alors l'étape de la localisation sera utilisée pour trouver la cause.

Dans ce chapitre, nous présenterons une nouvelle méthode, une version détaillé de [21], appartient également à la famille d'approche structurelle, qui consiste à générer les Relations de Redondance Analytique Symbolique (RRAS) en se basant sur les parcours de graphes. Ensuite, une comparaison entre les RRAS obtenues à l'issue de notre approche avec celles de la méthode d'espace de parité, sur un même exemple, sera utilisée pour valider nos résultats.

Quant aux tests de cohérence, ils seront présentés au chapitre suivant et afin de donner une meilleure compréhension, un exemple académique sera utilisé.

4.2 Construction des relations de redondance analytique symbolique

4.2.1 Introduction

Cette première partie est consacrée à la construction des relations de redondance analytique symbolique, elle est composée de trois sous-parties qui sont : la reformulation du problème dans un cas statique avec l'introduction d'un exemple académique, l'algorithme dédié à la génération des RRAS dans le cadre d'un système statique et enfin un exemple illustratif.

4.2.2 Reformulation du problème dans un cas statique

Un système statique, ou en régime permanent stationnaire, signifie que les variables intervenant dans le modèle ne dépendent pas du temps au sens de ne pas dépendre de leurs valeurs passées. Le modèle d'un système statique noté S est composé d'un ensemble de contraintes noté C :

$$C = \{c_1, c_2......, c_n\} \tag{4.1}$$

où chaque contrainte est un triplet :

$$c_i = \{r_i, V_i, D_i\} \tag{4.2}$$

et r_i est la relation analytique entre les variables intervenant dans la contrainte c_i, V_i est l'ensemble de variables qui sont composées de deux parties :
— la première est l'ensemble des variables mesurées que l'on note Y
— la deuxième est l'ensemble des variables internes inconnues du modèle que l'on note X

On note également $var(c_i)$ l'ensemble des variables appartenant à la contrainte c_i afin de simplifier les notations par la suite. D_i est l'ensemble de supports des variables et est divisé également en deux groupes :
— le premier est l'ensemble des supports des variables que l'on note d_V

— le deuxième est l'image de la relation r_i de la contrainte c_i que l'on note d_r

Tous les systèmes statiques peuvent être modélisés avec les notations ci-dessus. Prenons maintenant un exemple d'un système statique

Exemple : Considérons un système de deux bacs contenant des produits chimiques toxiques comme dans la figure (4.1) suivante.

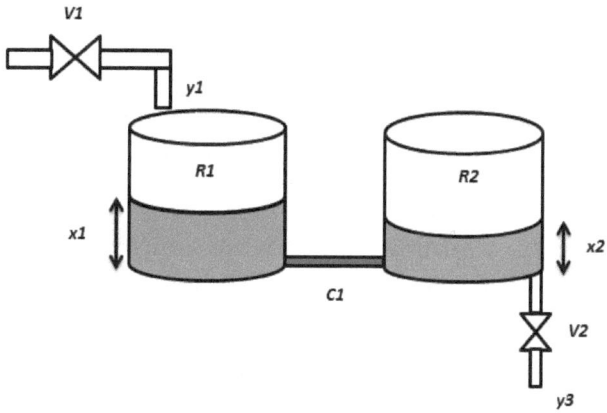

FIGURE 4.1: Exemple d'un système statique

Ce système est constitué de :
— 2 réservoirs R_1 et R_2 qui sont reliés entre eux par une conduite C_1.
— 1 pompe P_1 débitant en continue et qui est reliée directement à la vanne V_1 qui fonctionne de manière tout ou rien.
— La vanne V_2 permet d'évacuer des produits chimiques du réservoir R_2.
— 3 capteurs dont 1 capteur de débit mesurant y_1, un capteur mesurant le débit de sortie y_3 de produits chimiques du réservoir R_2 et un capteur y_2 qui agrège les deux mesures de niveau de produits chimique dans les deux réservoirs R_1 et R_2 que l'on ne connait pas précisément.

Afin de simplifier l'étude, nous supposons que la vanne V_1 et la vanne V_2 sont constamment ouvertes dans un premier temps. Pour l'instant, considérons que le modèle de bon comportement de ce système statique de deux bacs est représenté par les contraintes suivantes, l'obtention de ce système sera développé de manière complète dans le chapitre (6) :

$$r_0 \; : \; -0.01 * x_1 + 0.01 * x_2 + 0.1 * y_1 = 0$$
$$r_1 \; : \; 0.01 * x_1 - 0.11 * x_2 = 0$$
$$r_2 \; : \; y_2 - x_1 - x_2 = 0$$
$$r_3 \; : \; y_3 - x_2 = 0 \qquad\qquad (4.3)$$

où x_1, x_2 représentent respectivement le niveau de produits toxiques dans les réservoirs R_1, R_2 à tout instant et supposons que l'on ne possède pas ces informations. Les paramètres du modèle sont pris de manière simpliste dans le but de faciliter l'explication de notre approche. Avec les notations introduites précédemment, on peut représenter cet ensemble de contraints comme : $C = \{c_0, c_1, c_2, c_3\}$; $var(C) = \{\, X \cup Y \,\}$ avec $X = \{x_1, x_2\}$ et $Y = \{y_1, y_2, y_3\}$.

Classiquement à partir du modèle de bon comportement, le but est de générer les RRA pour pouvoir faire des tests de cohérence par la suite. A savoir qu'une RRA ne peut contenir que des variables mesurées pour pouvoir en vérifiant la cohérence, il est donc nécessaire de chercher à éliminer toutes les variables inconnues présentés dans les contraintes.

L'élimination ne signifie pas de les supprimer formellement, mais d'être capable d'expliquer les variables inconnues via les différentes contraintes. Au fur et à mesure, en cherchant à substituer les variables inconnues par les contraintes jusqu'à ce qu'il n'y en ait plus, on arrivera à générer les relations de redondance analytique contenant seulement les variables mesurées et des variables initialement inconnues et maintenant expliquées. Par conséquent, une RRA n'est rien d'autre qu'un sous ensemble de contraintes, que l'on peut noté C', qui contient un sous ensemble de variables mesurées, noté Y', et inconnues, X' expliquées.

Remarque 2. *Une RRA est dite minimale lorsque l'ensemble de contraintes C' de cette RRA contient autant de contraintes que de variables inconnues X', dans C', + 1.*

Effectivement, on peut décomposer une RRA en deux parties : la première ne sert qu'à déduire les variables inconnues tandis que la deuxième nous permet de re-valider les résultats qui sont issus de la première partie. C'est cette seconde partie qui génère de la redondance d'information. Dans le meilleur des cas, en ne prenant pas en compte les difficultés de l'inversibilité/l'isolabilité de variables inconnues dans des relations analytiques, la condition nécessaire pour déduire les variables inconnues est que le nombre de variables inconnues soit égal au nombre de contraintes. Et il suffit d'avoir seulement une contrainte de plus pour la partie de redondance.

Afin de modéliser le modèle de bon comportement du système, nous avons adopté le graphe bipartie pour la représentation structurelle, ce qui nous donne le graphe (4.2) suivant dans le cas de l'exemple (4.3) proposé.

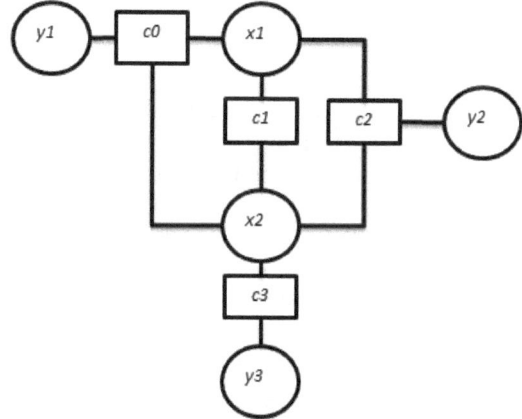

FIGURE 4.2: Représentation du modèle de bon comportement sous la forme d'un graphe biparti

Les ronds correspondent aux variables et les rectangles correspondent aux contraintes entre les variables du modèle. On va passer maintenant à l'algorithme qui permet de parcourir le graphe pour générer les RRAS sous forme des différents ensembles minimaux de contraintes C.

4.2.3 Algorithme

Avant de présenter notre algorithme qui permet de générer les RRA, donnons quelques définitions utiles pour la compréhension de l'algorithme

Définition 14. *S'il existe une contrainte c_j telle qu'une variable v_i appartient à cette contrainte c_j, alors la variable v_i est explicable symboliquement par la contrainte c_j à partir de l'ensemble de variables $var(c_j)$ - $\{v_i\}$*

La notion de l'explication symbolique signifie qu'une variable v_i est toujours explicable via une contrainte et l'ensemble de variables $var(c_j)$ - $\{v_i\}$ quelle que soit sa nature, y compris la calculabilité (inversibilité) et l'isolabilité de la variable. En fait, cette condition est nécessaire pour expliquer une variable mais elle n'est pas suffisante. Afin de combler ce manque, nous avons utilisé les méthodes d'inversion d'ensembliste de l'approche intervalle que l'on va présenter dans le chapitre prochain qui est réservé à l'évaluation de nos RRAs.

Définition 15. *Notons $\boldsymbol{C}'$ un ensemble de contraintes, une substitution symbolique d'une variable v_i de $\boldsymbol{C}'$ consiste à chercher une contrainte c_j, qui n'est pas dans $\boldsymbol{C}'$, telle que v_i soit explicable par c_j.*

La substitution symbolique nous permet d'utiliser de nouvelles contraintes sur le parcours de graphe pour expliquer, au fur et à mesure, les variables inconnues afin de construire une RRA. Pour un ensemble de contraintes $\boldsymbol{C}'$, notons $\boldsymbol{Y}'$ l'ensemble des variables mesurées, ou qui sont déjà substituées, notons $\boldsymbol{X}'$ l'ensemble de variables inconnues à substituer. Durant la substitution, lorsqu'une nouvelle contrainte c_j est ajoutée dans $\boldsymbol{C}'$, alors v_i sera ajoutée dans $\boldsymbol{Y}'$. Notons $var(\boldsymbol{C}')$ l'ensemble des variables appartenant à $\boldsymbol{C}'$. De plus, chaque nouvelle contrainte c_j ajoutée peut contenir de nouvelles variables mesurées autres que v_i, notons donc $var_{me}(c_j)$ l'ensemble de ces variables.

Définition 16. *La substitution symbolique d'une variable v_i par la contrainte c_j consiste à faire une transformation de $\boldsymbol{C}'$ comme suit :*
$$\boldsymbol{C}' = \boldsymbol{C}' \cup \{c_j\}$$
$$\boldsymbol{Y}' = \boldsymbol{Y}' \cup \{v_i\} \cup var_{me}(cj)$$
$$\boldsymbol{X}' = var(\boldsymbol{C}') - \boldsymbol{Y}'$$

Comme on peut le constater, l'élimination des variables inconnues n'est pas faite de manière formelle dans notre méthode mais de manière symbolique. C'est pour cette raison que nous appelons nos différents ensembles minimaux de contraintes $\boldsymbol{C}'$ par le nom : "*Relations de Redondance Analytique Symbolique (RRAS)*".

Définition 17. *Une RRAS est un ensemble de contraintes $\boldsymbol{C}'$ qui permet de générer une RRA mais les informations sur la façon dont les variables sont combinées analytiquement pour l'établir ne sont pas nécessaires.*

A partir de ces définitions (14),(15),(16),(17), on peut alors parcourir le graphe afin de générer les RRAS nécessaires pour les tests de cohérence. La condition pour commencer un parcours est d'utiliser une contrainte contenant au moins une variable mesurée avec des variables inconnues comme point de départ. Le fait de commencer par une telle contrainte c_j par exemple nous permet d'initialiser le nombre de contraintes dans C' à 1 = $\{c_j\}$ et X' est l'ensemble de variables inconnues de c_j à substituer. Selon les définitions (14),(15) et (16), il va falloir chercher différentes contraintes pour substituer toutes les variables inconnues dans X'. Cela permettra d'avoir autant de contraintes différentes que de variables inconnues. Par conséquent, nous allons obtenir à la fin que le nombre de contraintes dans l'ensemble C' est égal au nombre de variables inconnues dans X' plus 1, ce qui correspond à la remarque (2) précédente.

Il est intéressant de noter, via la définition (16), qu'une contrainte c_j ne sert à expliquer qu'une seule variable inconnue v_i. Une fois qu'elle est utilisée pour construire une RRAS donnée, elle ne sera plus réutilisée pour expliquer une autre variable inconnue. Par conséquent, l'algorithme va marquer, au fur et à mesure, les contraintes qu'il a visité ce qui évite complètement les boucles infinies durant la recherche.

De plus, lorsqu'une contrainte est utilisée pour commencer un parcours, alors elle est supprimée dans la liste des contraintes servant à la construction des RRAS lors des prochains parcours. La raison est que toutes les informations qu'elle apporte pour expliquer les variables inconnues qu'elle contient, sont considérées exploitées. Grâce à cette propriété, l'algorithme converge rapidement avec une complexité plus faible. La question concernant la complexité de l'algorithme de notre méthode sera abordée dans un prochain chapitre.

Notre algorithme est divisé en deux parties :

1. un algorithme permet de ne prendre en compte que des contraintes contenant au moins une variable mesurée pour débuter un parcours de recherche (Algorithme(2)).

2. une procédure principale permet de générer les différentes RRASs du modèle (Procédure(3)).

Afin de mieux illustrer le fonctionnement de cet algorithme, on va l'appliquer sur l'exemple (4.3).

Algorithm 2 Générer des RRAS
---
for each constraint c_j which contains at least one known variable **do**

    Initialize $C' = \{c_j\}$

    Initialize $Y' = var_{me}(c_j)$

    Initialize $X' = \mathrm{var}(C')$ - Y'

    Initialize $Liste_{RRAS} = \{\}$

    $Liste_{RRAS} = \text{Trouver-RRAS}(Y';X';C') \cup Liste_{RRAS}$

end for

Procedure 3 Trouver-RRAS($Y';X';C'$)
---
if $X' = \{\}$ **then**

  return RRAS $= C'$

else

  Initialize $Liste_{RRAS} = \{\}$

  for each variable $x_i \in X'$ **do**

    for each constraint c_j which can explain x_i **do**

      if $c_j \notin C'$ **then**

        $C' = C' \cup \{c_j\}$

        $Y' = Y' \cup \{v_i\} \cup var_{me}(cj)$

        $X' = \mathrm{var}(C')$ - Y'

        Trouver-RRAS($Y';X';C'$) {Each obtained RRAS is added into the set of solutions $Liste_{RRAS}$}

        if RRAS generated $\notin Liste_{RRAS}$ **then**

          $Liste_{RRAS} = Liste_{RRAS} \cup$ RRAS

        end if

      end if

    end for

  end for

end if

return $Liste_{RRAS}$

4.2.4 Exemple illustratif

Reprenons l'exemple (4.3) pour générer les RRAS. On obtient les résultats finaux suivants :
- RRAS$_1$={c_0, c_1, c_2}
- RRAS$_2$={c_0, c_1, c_3}
- RRAS$_3$={c_0, c_2, c_3}
- RRAS$_4$={c_1, c_2, c_3}

Expliquons comment ces résultats sont générés. Tout d'abord, pour démarrer l'algorithme, on initialise les ensembles suivants à vide :
- l'ensemble des contraintes formant une RRAS : $\boldsymbol{C}' = \{\emptyset\}$
- l'ensemble des variables qui sont mesurées ou bien substituées : $\boldsymbol{Y}' = \{\emptyset\}$
- l'ensemble des variables à substituer : $\boldsymbol{X}' = \{\emptyset\}$

Deuxièmement, la condition qui consiste à ne prendre en compte que des contraintes qui contiennent au moins une variable mesurée nous donne la liste : {c_0, c_2, c_3}. Cela veut dire que notre algorithme va commencer, au fur et à mesure, avec l'une des contraintes qui se trouvent dans cette liste.

Ensuite, en parcourant le graphe biparti et en utilisant la procédure (3), on cherche à générer toutes les RRAS possibles que l'on peut trouver en partant de cette contrainte en question. Une fois le parcours est terminé, l'algorithme va nous donner une liste des RRAS générées en sortie, ou vide s'il n'y en a pas.

Parcours 1 : l'algorithme commence avec la contrainte c_0 qui contient la variable mesurée y_1. La première itération consiste à ajouter la contrainte c_0 dans $\boldsymbol{C}$: $\boldsymbol{C}' = \{c_0\}$, puis à ajouter la variable mesurée y_1 dans $\boldsymbol{Y}$: $\boldsymbol{Y}' = \{y_1\}$, et finalement ajouter toutes les variables inconnues qui appartiennent à {c_0} dans $\boldsymbol{X}'$. En l'occurrence, ce sont les variables x_1 et x_2, donc $\boldsymbol{X}' = \{x_1, x_2\}$. Le but de la procédure qui est utilisée par la suite, consiste à chercher les contraintes permettant de substituer symboliquement les variables inconnues de $\boldsymbol{X}'$.

Maintenant, il nous faut chercher à substituer deux variables inconnues de $\boldsymbol{X}' = \{x_1, x_2\}$. À ce stade, il y a deux possibilités : soit on cherche à substituer d'abord la variable x_1, soit la variable x_2. Par défaut, la procédure va choisir la première variable de $\boldsymbol{X}'$ pour continuer tout en gardant en réserve la possibilité de parcourir le graphe avec l'autre variable avec la première boucle "**for**". A noter que pour chaque essai de génération d'une RRAS, la procédure va marquer, au fur et à

65

mesure, les contraintes et les variables visitées afin d'interdire de repasser par ces contraintes et variables-là, ceci ayant pour but d'éviter les boucles. La condition d'arrêt lorsqu'une RRAS est générée est que l'ensemble de variables à substituer $\boldsymbol{X'}$ soit vide.

Considérons qu'à l'itération suivante, la procédure cherche à expliquer x_1. Selon les définitions (14) et (15), les contraintes qui sont liées à x_1 peuvent éventuellement l'expliquer, ce qui nous donne la liste des contraintes : $\{c_1, c_2\}$. Cette liste nous montre qu'il y a deux possibilités pour expliquer symboliquement x_1 : soit on utilise c_1, soit on utilise c_2. La procédure va continuer en choisissant la première contrainte dans la liste : c_1 avec la deuxième boucle "**for**". Il est intéressant de noter que les deux boucles "**for**" nous permettent d'exploiter toutes les possibilités de construction des différentes RRAS possibles dans un parcours donné. Le fait de choisir c_1 pour expliquer x_1 nous permet de faire la substitution symbolique suivante :
$\boldsymbol{C'} = \boldsymbol{C'} \cup \{c_1\} = \{c_0, c_1\}$
$\boldsymbol{Y'} = \boldsymbol{Y'} \cup \{x_1\} \cup var_{me}(c_1) = \{y_1, x_1\}$
$\boldsymbol{X'} = \text{var}(\boldsymbol{C'}) \text{ - } \boldsymbol{Y'} = \{x_2\}$

A l'itération suivante, la procédure Trouver-RRAS($\boldsymbol{Y'}$;$\boldsymbol{X'}$;$\boldsymbol{C'}$) est appelée à nouveau. A ce stade, l'ensemble des variables inconnues à expliquer $\boldsymbol{X'}$ n'est pas encore vide $\boldsymbol{X'} = \{x_2\}$ ce qui permet de répéter les itérations précédentes. Le but est donc de chercher à expliquer la variable x_2 restante. Passons maintenant à la deuxième boucle "**for**", sachant que la liste des contraintes qui sont liées à cette variable x_2 est : $\{c_2, c_3\}$ (c_1 est déjà utilisée à l'itération précédente), la substitution symbolique en sélectionnant la première contrainte c_2 pour expliquer x_2 est :
$\boldsymbol{C'} = \boldsymbol{C'} \cup \{c_2\} = \{c_0, c_1, c_2\}$
$\boldsymbol{Y'} = \boldsymbol{Y'} \cup \{x_2\} \cup var_{me}(c_2) = \{y_1, y_2, x_1, x_2\}$
$\boldsymbol{X'} = \text{var}(\boldsymbol{C'}) \text{ - } \boldsymbol{Y'} = \{\emptyset\}$

On peut constater qu'en utilisant c_2 à cette étape pour expliquer x_2, on arrive à expliquer symboliquement toutes les variables inconnues dans $\boldsymbol{X'}$. Ce qui veut dire qu'en appelant à nouveau la procédure Trouver-RRAS($\boldsymbol{Y'}$;$\boldsymbol{X'}$;$\boldsymbol{C'}$), la première RRAS que l'on peut générer est donc l'ensemble des contraintes RRAS$_1$: $\{c_0, c_1, c_2\}$. Ce parcours de graphe est présenté sur la figure suivante (Figure(4.3)) :

La figure suivante va présenter le parcours mais au lieu d'utiliser c_2 pour expliquer x_2, la procédure a utilisé c_3 (Figure(4.4)) :

La figure (4.5) présente un autre parcours pour générer une RRAS

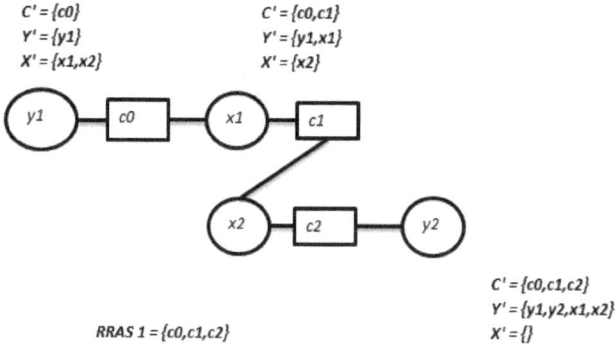

FIGURE 4.3: Génération de la première RRAS en commençant avec c_0

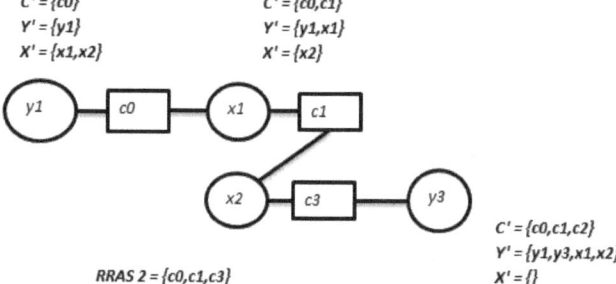

FIGURE 4.4: Autre RRAS générée en commençant avec c_0

en partant de la contraint c_0 où la variable x_1 est expliquée par c_2 au lieu de c_1 :

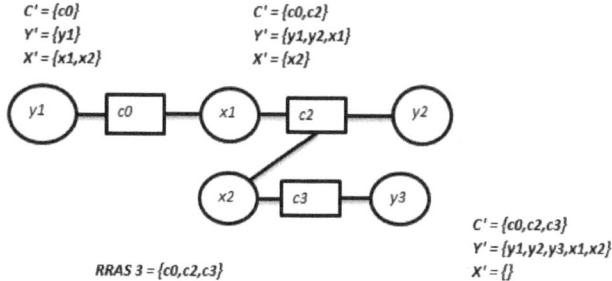

FIGURE 4.5: Autre possibilité en partant de c_0

Dès que toutes les RRAS possibles sont explorées en commençant par la contrainte c_0, on ne va pas la reprendre en compte pour la recherche des RRAS lors des prochains parcours. Cette figure nous montre la génération d'une nouvelle RRAS avec le nouveau parcours qui commence avec la contrainte c_2 au lieu de c_0 (Figure(4.6)) :

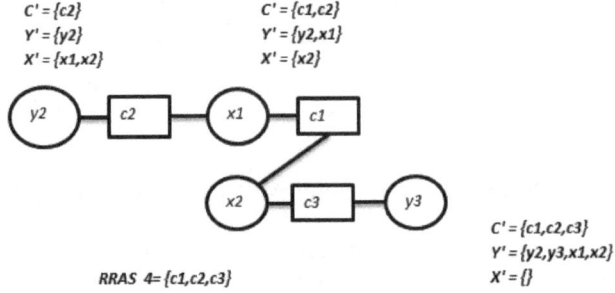

FIGURE 4.6: Parcours qui commence avec c_2

Finalement, le parcours commence avec la contrainte c_3 mais on ne peut générer aucune RRAS (à ce stade, les contraintes, qui sont utilisées pour commencer le parcours, ne sont plus prises en compte pour la construction des RRAS et sans c_0 et c_2, il n'est plus possible de construire de RRAS en commençant avec c_3) (Figure(4.7)).

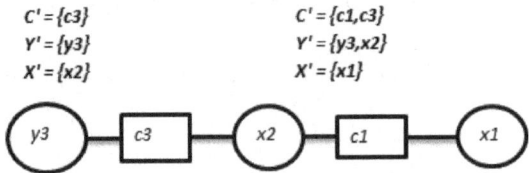

FIGURE 4.7: Parcours qui commence avec c_3

Remarque 3. *Les différents parcours peuvent effectivement générer plusieurs fois la même RRAS. Mais celles-ci seront éliminées avec la condition "IF" de sorte qu'il n'y a pas de RRAS redondantes dans les résultats finaux.*

Ce qui nous donne effectivement à la fin la liste des RRASs générées :
— $RRAS_1 = \{c_0, c_1, c_2\}$
— $RRAS_2 = \{c_0, c_1, c_3\}$

— $\mathrm{RRAS}_3 = \{c_0, c_2, c_3\}$
— $\mathrm{RRAS}_4 = \{c_1, c_2, c_3\}$

4.2.5 Conclusion

Cette partie a montré comment notre méthode génère les relations de redondance analytique de manière symbolique dans le cadre des systèmes statiques. Les différentes définitions présentées sont aussi la base de notre méthode pour la génération des RRAS pour les systèmes dynamiques et les systèmes commutés que je vais détailler dans les prochains chapitres.

4.3 Validation des résultats avec l'approche de l'espace de parité

4.3.1 Introduction

Avant de passer au prochain chapitre qui consiste à présenter comment les tests de cohérence sont appliqués sur les RRAS générées, il est important de savoir si elles sont correctes. Et afin de les valider, nous allons les comparer avec les résultats qui sont obtenus avec la méthode de l'espace de parité (partie(2.3.3)).

4.3.2 Génération des résultats avec l'approche de l'espace de parité

Reprenons l'exemple (4.3) précédent :

$$r_0 \ : \ -0.01 * x_1 + 0.01 * x_2 + 0.1 * y_1 = 0$$
$$r_1 \ : \ 0.01 * x_1 - 0.11 * x_2 = 0$$
$$r_2 \ : \ y_2 - x_1 - x_2 = 0$$
$$r_3 \ : \ y_3 - x_2 = 0$$

A partir de ce modèle, nous pouvons le réécrire sous la forme :

$$\left\{ \begin{array}{rcl} \boldsymbol{y}(k) & = & \mathbf{C}x(k) \\ \mathbf{A}x(k) & = & 0 \end{array} \right. \tag{4.4}$$

Ou bien sous la forme :

$$\left[\begin{array}{c} \boldsymbol{I} \\ \boldsymbol{0} \end{array} \right] * \boldsymbol{y}(k) = \left[\begin{array}{c} \mathbf{C} \\ \mathbf{A} \end{array} \right] * \boldsymbol{x}(k) \tag{4.5}$$

69

On souhaite analyser la cohérence entre les informations mesurées et détecter la présence des défauts. Pour ce faire, on cherche à établir des relations entre les mesures qui sont indépendantes des variables inconnues mais qui restent sensibles aux défauts. Pour ce cas statique, les relations de parité, plus connues sous le nom RRA, nécessitent de trouver la matrice $\mathbf{W}$ orthogonale à la matrice C qui est définie par :

$$C = \begin{bmatrix} \mathbf{C} \\ \mathbf{A} \end{bmatrix} \tag{4.6}$$

de sorte que :

$$\mathbf{W} * C = 0 \tag{4.7}$$

A noter qu'il n'existe pas une matrice $\mathbf{W}$ unique mais une infinité de résultats différents, cela dépend de la manière dont on résout l'équation (4.7). Cependant, le nombre de relations de parité linéairement indépendantes est toujours calculable à l'avance et il est défini par :

$$dim(\boldsymbol{p}) = nombre\ de\ lignes\ de\ C - rang(C) \tag{4.8}$$

C'est pour cette raison que la matrice $\mathbf{W}$ existe si et seulement si la matrice C n'est pas de plein rang ligne. De (4.5) et (4.6), on obtient le vecteur de parité, que l'on note $\boldsymbol{p}$, sous la forme :

$$\boldsymbol{p} = \mathbf{W} * \begin{bmatrix} \boldsymbol{I} \\ \boldsymbol{0} \end{bmatrix} * \boldsymbol{y} \tag{4.9}$$

En appliquant à l'exemple (4.3), on obtient les différentes matrices :

$$\mathbf{A} = \begin{bmatrix} -0.01 & 0.11 \end{bmatrix} \text{ et } \mathbf{C} = \begin{bmatrix} 1 & 1 \\ 0 & 1 \\ 0.01 & -0.01 \end{bmatrix}$$

Avant de générer le vecteur de parité $\boldsymbol{p}$, il est nécessaire de trouver la matrice $\mathbf{W}$, ce qui revient à résoudre l'équation (4.7) :

$$\begin{bmatrix} w_0 & w_1 & w_2 & w_3 \end{bmatrix} * \begin{bmatrix} 1 & 1 \\ 0 & 1 \\ 0.01 & -0.01 \\ -0.01 & 0.11 \end{bmatrix} = 0 \tag{4.10}$$

Le nombre de relations de parité de ce modèle est : *nombre de lignes de C* - rang(C) = 4 - 2 = 2. De (4.10), on obtient les deux équations de poids de la matrice $\mathbf{W}$ suivantes :

$$w_0 + 0.01 * w_2 - 0.01 * w_3 = 0 \tag{4.11}$$

$$w_0 + w_1 - 0.01 * w_2 + 0.11 * w_3 = 0 \tag{4.12}$$

Comme présenté précédemment, il existe une infinité de résultats possibles pour la matrice **W**, donc il sera plus simple d'affecter directement une certaine valeur à certain w_i, puis calculer les autres w_j en fonction des w_i initialisés. En l'occurrence, affectons la valeur 1 à w_2 et la valeur 0 à w_3 ce qui nous permet d'obtenir :

$$w_0 + 0.01 = 0 \tag{4.13}$$
$$w_0 + w_1 - 0.01 = 0 \tag{4.14}$$

De (4.14) et (4.14), nous obtenons :

$$w_0 = -0.01 \tag{4.15}$$
$$w_1 = 0.02$$
$$w_2 = 1$$
$$w_3 = 0$$

Dans le cas où on affecte la valeur 0 pour w_2 et la valeur de 1 pour w_3, on obtiendra à nouveau un autre ensemble de solutions :

$$w_0 = 0.01 \tag{4.16}$$
$$w_1 = -0.12$$
$$w_2 = 0$$
$$w_3 = 1$$

En appliquant (4.15) et (4.16) à l'équation (4.9), les deux relations de parité linéairement indépendantes sont :

$$p_0 = -0.01 * y_2 + 0.02 * y_3 + 0.1 * y_1 \tag{4.17}$$
$$p_1 = 0.01 * y_2 - 0.12 * y_3 \tag{4.18}$$

On ne se préoccupe pas pour l'instant de savoir si ces relations de parité sont égales à 0 pour conclure que le système est en bon fonctionnement. Vérifions simplement si les Relations de Redondance Analytique Symbolique (RRAS) obtenues par notre algorithme correspondent à ces résultats-là. Pour ce faire, il va falloir qu'on s'arrange pour que les RRAS générées précédemment aient la même forme analytique que les équations de parité (4.17) et (4.18).

Prenons d'abord la RRAS$_4$={c_1, c_2, c_3} :

$$\begin{aligned} r_1 &: 0.1 * (0.1 * (x_1 - x_2) - x_2) = 0 \\ r_2 &: y_2 - x_1 - x_2 = 0 \\ r_3 &: y_3 - x_2 = 0 \end{aligned} \tag{4.19}$$

De r_3 de (4.19), on déduit

$$y_3 = x_2 \qquad (4.20)$$

En remplaçant (4.20) dans r_2 (4.19), on obtient :

$$x_1 = y_2 - y_3 \qquad (4.21)$$

Finalement, remplaçons les valeurs déduites de x_1 et x_2 à l'équation (4.19), on obtient l'équation de parité finale :

$$0.01 * y_2 - 0.12 * y_3 = 0 \qquad (4.22)$$

Maintenant, prenons la troisième RRAS$_3$=$\{c_0, c_2, c_3\}$ pour la déduction d'une relation de parité :

$$r_0 \;\; : \;\; 0.1 * (-0.1 * (x_1 - x_2) + y_1) = 0$$
$$r_2 \;\; : \;\; y_2 - x_1 - x_2 = 0$$
$$r_3 \;\; : \;\; y_3 - x_2 = 0$$

En suivant la même démarche que précédemment, on obtiendra une autre relation de parité :

$$-0.01 * y_2 + 0.02 * y_3 + 0.1 * y_1 = 0 \qquad (4.23)$$

On peut facilement constater que l'équation (4.22) et l'équation (4.23) sont exactement les mêmes que les relations de parité (4.17) et (4.18) générées avec la méthode de l'espace de parité en situation de bon fonctionnement. Cependant, à quoi correspondant RRAS$_1$ et RRAS$_2$?

N'oublions pas qu'il existe une infinité de relations de parité mais l'équation (4.8) nous permet de connaître à l'avance le nombre de relations de parité qui sont linéairement indépendantes que l'on note p_l. Cela signifie que même si on peut trouver un très grand nombre de relations de parité avec les différentes façons de calculer la matrice $\mathbf{W}$, la dimension de p_l ne change pas et cela signifie également que les relations de redondance supplémentaires trouvées n'apporteront pas plus d'information sur la cohérence entre les mesures du système et qu'elles sont simplement des combinaisons des éléments de p_l.

Exemple : Prenons la deuxième RRAS$_2$=$\{c_0, c_1, c_3\}$. Après avoir terminé toutes les étapes nécessaires pour obtenir une relation de parité, à la fin on obtient :

$$-0.1 * y_3 + 0.1 * y_1 = 0 \qquad (4.24)$$

Pour montrer que cette équation (4.24) est une combinaison des deux équations (4.22) et (4.23), il suffit d'additionner ces deux-là et on obtiendra l'équation de parité (4.24). Et en appliquant les mêmes étapes de calcul pour la première RRAS$_1$=$\{c_0, c_1, c_2\}$, on obtiendra une nouvelle équation de parité

$$0.12 * y_1 + 0.01 * y_2 = 0 \tag{4.25}$$

Cette relation (4.25) est le résultat de la combinaison entre la relation (4.24)*12 puis soustrait avec la relation (4.22).

Effectivement les équations de parité qui sont autre que ($\boldsymbol{p_l}$) sont seulement des combinaisons de ($\boldsymbol{p_l}$) et cela nous donne la remarque suivante :

Remarque 4. *Il suffit d'avoir seulement les équations de parités ($\boldsymbol{p_l}$), qui sont linéairement indépendantes, pour pouvoir exploiter toutes les informations du systèmes. Et les autres équations qui sont autres que ($\boldsymbol{p_l}$) n'apportent pas plus d'information sur l'état du système.*

4.3.3 Conclusion

Cette partie nous a permis de valider les résultats que l'on obtient à l'issue de notre méthode qui consiste à générer automatiquement les Relations de Redondance Analytique Symbolique RRAS de manière structurelle. Il est important de noter que les équations de parité de base ($\boldsymbol{p_l}$) sont bien retrouvées et en accord avec la remarque (4), notre méthode exploite bien toutes les informations nécessaires pour diagnostiquer le modèle du système. Bien qu'elle conduise à des RRA elles même redondantes et qui n'apportent pas plus d'information, il n'est pas possible de les éliminer parce qu'on n'a pas moyen structurellement de les distinguer. C'est pour cette raison qu'il est évident de prendre en compte toutes les RRAS trouvées pour les tests de cohérence. Cependant, cette remarque et même la méthode d'espace de parité présentée ne sont applicables qu'aux systèmes linéaires. Les méthodes de calcul des relations de parité ne seront plus valables sur les systèmes non-linéaires. Or le fait de prendre en compte seulement les relations structurelles entre les variables nous permettront de traiter les cas non-linéaires et c'est aussi l'un des avantages majeurs de notre méthode proposée.

4.4 Contributions

Dans ce chapitre, nous avons présenté une nouvelle méthode qui appartient à la famille des approches structurelles, permettant de générer automatiquement les RRAS. Le fait de construire des RRA sous forme implicite par analyse symbolique nous a permis de :

— générer les RRAS pour des systèmes complexes linéaires ou non (que je vais traiter via l'exemple (5.4) du chapitre (5)).

— éviter les problèmes de calculabilité ou d'isolabilité des variables

Chapitre 5

Application de l'approche intervalle à la résolution des RRAS

5.1 Introduction

Dans le chapitre précédent, nous avons présenté comment les RRAS sont générées, et une fois qu'on les a à partir d'un système donné, l'étape suivante consiste à effectuer les tests de cohérence. Effectivement, celle-ci est cruciale en permettant de savoir s'il y a ou non des anomalies au sein du système. Dans ce chapitre, nous allons présenter l'évaluation de nos RRAS à l'aide de l'approche intervalle (Chapitre (3)) qui nous permet de prendre en compte différentes sources d'incertitude.

Un autre point important que l'on va aborder dans ce chapitre est la façon dont on va procéder pour évaluer les RRAS. Au lieu de chercher à construire formellement les relations de redondance comme les relations de parité présentées dans la partie (4.3) du chapitre (4), nous allons les traiter comme des Problèmes de Satisfaction des Contraintes (CSP) ([28, 4]). En effet, cela nous permettra de résoudre tout le paquet de contraintes en même temps. Cela évitera également de chercher à remplacer toutes les variables inconnues par celles connues dans les relations où les problèmes d'isolation ou de calculabilité des variables peuvent être présents.

5.2 Méthode de résolution

5.2.1 Introduction

L'incertitude provient de différentes sources que l'on peut lister : le modèle, l'imprécision des mesures, les paramètres intervenant dans le modèle ou les erreurs d'arrondi. Dans notre approche, un élément incertain est supposé inconnu mais il est toujours borné par une borne inférieure et une borne supérieure. Cette idée a permis d'englober les erreurs d'arrondi et les erreurs de troncature et elle a été initialement proposée dans [50]. De plus, l'outil intervalle permet également d'analyser le comportement des fonctions de manière efficace et fiable en cherchant toutes les solutions d'un ensemble de contraintes. Les méthodes utilisées reposent sur les différentes méthodes de bissection et de réduction détaillées dans le chapitre (3).

De manière générale, les caractéristiques de l'approche intervalle sont de :

— englober les effets des erreurs d'arrondi et les erreurs de troncature [50, 51]
— englober les solutions de fonctions [50, 51, 25, 52]
— englober les erreurs dans la théorème de Taylor [52]
— répondre des problèmes d'optimisation [25]
— résoudre des systèmes non-linéaires [52, 25]
— trouver toutes les solutions approchées ou exactes des fonctions de manière exhaustive [34]

Afin d'appliquer cette idée à la prise en compte des sources d'incertitudes dans le cadre de notre approche, les différentes sources d'incertitudes ont été divisées en plusieurs familles :

— Les variables :

1. Les variables connues qui représentent les valeurs renvoyées par les capteurs et qui sont connues avec une précision donnée. Ces variables-là ne sont plus des valeurs exactes mais elles sont bornées avec une borne inférieure et une borne supérieure qui permettent de prendre en compte les bruits et les imprécisions technologiques des capteurs.

2. Les variables inconnues qui représentent les variables d'état internes du système que l'on ne peut pas mesurer et qui ne sont donc pas connues du tout. Elles seront initialisées à $]-\infty, +\infty[$

— Les paramètres du modèle ont également la possibilité d'être bornés par une borne inférieure et une borne supérieure mais ils ne sont pas pris en compte dans le cadre de ces travaux. Pour avoir plus de détails sur ce point, veuillez consulter [2].

Cette approche nous permet de prendre en compte toutes les sources d'incertitudes possibles dans les modèles.

Exemple : Reprenons l'exemple 4.3 dans le chapitre (4) précédent.

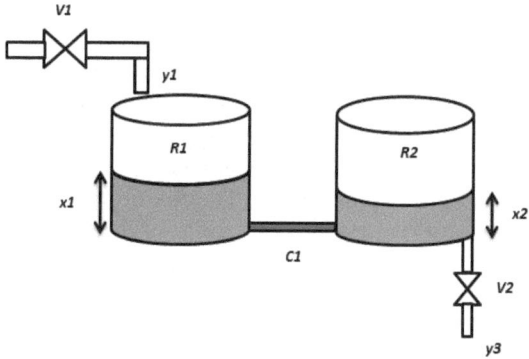

FIGURE 5.1: Exemple d'un système statique

Le modèle de bon comportement est :

$$
\begin{aligned}
r_0 &: \quad -0.01 * x_1 - 0.01 * x_2 + 0.1 * y_1 = 0 \\
r_1 &: \quad 0.01 * x_1 - 0.11 * x_2 = 0 \\
r_2 &: \quad y_2 - x_1 - x_2 = 0 \\
r_3 &: \quad y_3 - x_2 = 0
\end{aligned}
\tag{5.1}
$$

Avec $C = \{c_0, c_1, c_2, c_3\}$, $V = \{X \cup Y\}$ avec $X = \{x_1, x_2\}$ et $Y = \{y_1, y_2, y_3\}$. Les différents types d'incertitude que l'on peut avoir dans ce système portent donc sur les variables mesurées $Y = \{y_1, y_2, y_3\}$.

Considérons que le système est en régime permanent avec comme supports des variables Y bornées les intervalles suivants : $[y_1] = [1, 1.1]$ m^3/s, $[y_2] = [12, 13.2]$ m^3, $[y_3] = [1, 1.1]$ m^3/s ce qui signifie que les valeurs renvoyées pour les capteurs peuvent se situer n'importe où entre les deux bornes. Quant aux variables inconnues, on les affecte avec les supports infinis : $[x_1] = [x_2] =] - \infty, +\infty[$.

A ce stade, nous possédons les Relations de Redondance Analytique Symbolique sous forme d'ensembles de contraintes $\mathcal{C}'$. Nous avons également pu prendre en compte les différentes types d'incertitude intervenant dans notre modèle sous forme d'un support intervalle pour les différentes variables dans les contraintes. Nous allons pouvoir donc passer aux tests de cohérence entre les informations.

Pour chaque ensemble de contraintes $\mathcal{C}'$, on a suffisamment de contraintes et de variables connues exactement ou de manière incertaine pour pouvoir remplacer toutes celles complètement inconnues. Cependant, on a conservé aucune information sur comment les variables inconnues sont substituées analytiquement. Or la substitution analytique peut être difficile, voir impossible à cause des problèmes d'inversibilité (calculabilité) et d'isolabilité pour des modèles plus complexe que celui de l'exemple. C'est pour cette raison que notre objectif est en fait de ne pas réaliser cette substitution et donc de ne pas chercher à construire formellement les RRA mais les RRAS. Par conséquente, afin d'évaluer les RRAS, on les traite sous forme des Problèmes de Satisfaction de Contraintes (CSP).

5.2.2 Problème de satisfaction de contraintes

Classiquement, une RRA est une relation qui ne contient que des variables mesurées permettant de générer un résidu. Idéalement, le résidu doit être égal à zéro pour pouvoir conclure l'absence de bruits et de défauts. Pratiquement, ce résidu est généralement comparé à un seuil ϵ très faible qui permet de prendre en compte une partie des bruits, des incertitudes des mesures ou du modèle et ce seuil est souvent fixé par l'expert. Notre approche consiste à évaluer l'ensemble de contraintes $\mathcal{C}'$ comme un problème de satisfaction de contraintes ou CSP [28, 4] en prenant en compte les incertitudes. Selon l'équation (4.2), une contrainte c_i est décrite par :

$$c_i = \{r_i,\, \boldsymbol{V}_i,\, \boldsymbol{D}_i\} \tag{5.2}$$

Une solution de cette contrainte est un couple (variables-valeurs) $\boldsymbol{S} = \boldsymbol{v}_i \leftarrow d_{\boldsymbol{V}_i}$ avec $\boldsymbol{v}_i \in \boldsymbol{V}_i$ et $d_{\boldsymbol{V}_i} \in \boldsymbol{D}_i$, ce qui nous donne la notion de satisfaction d'une contrainte :

Définition 18. *Une contrainte est dite satisfaite s'il existe un ensemble de solution $\boldsymbol{S}_i$ non vide tel que :*

$$\boldsymbol{S}_i = \{\boldsymbol{v}_i \in d_{V_i} | r_i(\boldsymbol{v}_i) \in d_{r_i}\} \tag{5.3}$$

Et on peut également généraliser cette définition (18) pour un ensemble de contraintes C' avec la remarque suivante :

Remarque 5. *Un ensemble de contraintes C' est satisfait s'il existe au moins une valeur possible des variables $v' \in d_{V'}$ satisfaisant simultanément toutes les contraintes $c_i \in C'$.*

Le fait de satisfaire un ensemble de contraintes C' avec l'ensemble des supports images des relations de C', $d_{R'} = 0$, est similaire à vérifier si des équations de parité conduisent par exemple à là valeur nulle (comme présenté dans la partie 4.3 du chapitre (4)). La différence majeure entre l'évaluation d'une RRA classique et une RRAS sous forme d'un CSP est qu'au lieu de vérifier si le résidu obtenu est nul, ou inférieur au seuil θ, il faut prouver de l'existence d'au moins une valeur possible des variables $v' \in d_{V'}$ qui satisfait toutes les contraintes $c_i \in C'$ permettant de conclure que les informations de cet ensemble de contrainte C' sont cohérentes.

Le fait de considérer la résolution d'une RRAS sous forme d'un CSP nous permet d'avoir le double d'avantage suivant :

1. Le premier est d'éviter l'étape de la substitution analytique des variables inconnues par celles connues pour obtenir à la fin une relation analytique explicite.

2. Le deuxième avantage, beaucoup plus intéressant, est la possibilité d'appliquer directement des outils d'inversion ensembliste (Newton par intervalle, Gauss-Seidel..., présenté dans la partie (3.4.3)) à la résolution des CSPs tout en prenant en compte les incertitudes.

5.2.3 Présentation de la méthode Inversion-Ensembliste

Comme présentées dans le chapitre (3), les méthodes de bissection sont des algorithmes récursifs qui découpent tout l'espace de recherche d_V en petits morceaux pour chercher toutes les solutions sans en perdre. Cependant, la complexité de cette famille d'algorithmes est alors exponentielle, par rapport à un triple critère : la taille du pavé à découper, la dimension de l'espace de recherche et la précision à atteindre, limitant l'utilisation de cette approche à des problèmes de grande dimension.

Les méthodes du type réduction comme celle de Newton par intervalle sont des algorithmes qui consistent à remplacer le pavé initial d_V par un plus petit. Leur complexité est beaucoup moins élevée mais elles ne nous garantissent pas que le pavé sera effectivement réduit.

Le bon compromis pour chercher les solutions ou pour prouver de l'existence ou non de solutions est de combiner ces deux méthodes. Il est préférable d'utiliser une méthode du type réduction dans un premier temps. Lorsque l'on ne peut plus réduire, on va découper les pavés en plus petits morceaux puis on recommence la procédure de réduction à nouveau.

Cette association de méthode, que l'on nomme "*Méthode Inversion-Ensembliste*", est utilisée pour résoudre nos RRAS sous forme de CSPs, ou plus exactement pour vérifier la satisfaction de ces CSPs.

Définition 19. *Un CSP est noté CSPI lorsque tous les supports des variables et des images de chaque contrainte sont des intervalles.*

En résumé, les éléments que l'on possède à ce stade sont l'ensemble de RRAS sous forme des ensembles de contraintes C'. Toutes les variables connues, dans ces ensembles de contraintes C' sont bornées avec un intervalle afin de prendre en compte les différentes sources d'incertitude. Et selon la définition (19), notre méthode Inversion-Ensembliste sera utilisée pour évaluer les différentes RRAS sous forme de CSPI que l'on peut considérer comme des tests de cohérence classique. D'après la remarque (5), nous ne cherchons pas à trouver toutes les solutions satisfaisantes aux CSPI mais l'existence d'au moins une solution qui permet de satisfaire toutes les contraintes de chaque CSPI.

Remarque 6. *Un système est en bon fonctionnement lorsque touts ses CSPI sont satisfaits et il ne l'est pas s'il y a au moins un de ses CSPI qui n'est pas satisfait.*

L'application de la méthode Inversion-Ensembliste sur un exemple de CSPI est illustrée via l'exemple suivant :

Exemple : Soit un ensemble de contraintes comme suit modélisant un système statique non-linéaire :

$$r_1 : x_1 - y_1 - 1 = 0 \qquad (5.4)$$
$$r_2 : x_1 * y_1 = 0$$

Avec $C' = \{c_1, c_2\}$, $V = \{ X \cup Y \}$ et $X = \{x_1\}$ avec $[x_1] =]-\infty, +\infty[$ et $Y = \{y_1\}$ avec $[y_1] = [0,2]$. Après avoir appliqué la méthode Inversion-Ensembliste à l'évaluation de ce CSPI, le résultat obtenu est $[y_1] = [0,0.015]$, $[x_1] = [0.991,1.020]$ avec une précision de résolution fixée à 0.01 (cette précision est aussi la condition d'arrêt pour ne pas découper les boites d'approximation extérieure plus fine) (Figure(5.2)) :

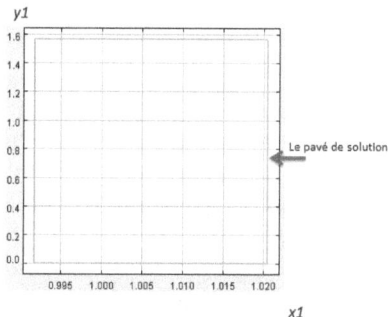

FIGURE 5.2: Résultat obtenu avec la méthode Inversion-Ensembliste

Cette figure (5.2) montre qu'il y a un pavé de solution $[[0,0.015],$ $[0.991,1.020]]$ permettant de satisfaire l'ensemble de contraintes $C = \{c_1, c_2\}$. Plus exactement, ce pavé contient toutes les solutions potentielles du CSPI à résoudre (à cause du pessimisme du calcul par intervalles lié au problème de dépendance et de l'effet d'enveloppement), ce qui nous permet de conclure que les informations que l'on possède pour ce système sont cohérentes et qu'il est en bon fonctionnement (au sens ou compte tenir des incertitudes et de la précision de la résolution, on ne peut garantir la présence d'une anomalie).

En se basant sur une plateforme existante contenant cette méthode Inversion-Ensembliste, le but est de l'utiliser pour effectuer les tests de cohérence sur les RRAS générées. Cependant, un problème important de cette méthode est qu'elle n'est applicable qu'aux systèmes carrés, c'est-à-dire qu'aux CSPI qui possèdent un nombre de variables V égal au nombre de contraintes. Or ce n'est pas toujours le cas et c'est pour cette raison que nous proposons une méthode alternative que l'on appelle la "*Transformation-des-Variables*" permettant d'effectuer un pré-traitement sur les CSPI avant l'application de la méthode Inversion-Ensembliste.

Avant de présenter cette méthode, examinons les deux notions importantes abordées dans la partie (3.4.2) du chapitre (3) : l'approximation extérieure et l'approximation intérieure. Ces deux notions permettront d'avoir non seulement une meilleure compréhension sur les résultats, mais elles permettent également de montrer un avantage important de la méthode Transformation-des-Variables.

5.2.4 Approximation extérieure et Approximation intérieure

Comme présentées précédemment, dans la partie (3.4.2) du chapitre (3), il y a trois possibilités d'affectation des boites durant la bissection : soit dans $\mathbf{S}_{int}$ que l'on peut nommer les boites d'approximation intérieure A_I, soit dans $\mathbf{S}_{ext}$ que l'on nomme les boites d'approximation extérieure A_E ou soit dans $\mathbf{S}_{eli}$.

L'intérêt majeur de différencier ces boites est d'obtenir des stratégies de diagnostic différentes. Pour expliquer cela, il est intéressant de comprendre en détail chaque type de boites :
— L'ensemble de boites $\mathbf{S}_{eli}$: ne contient pas de solutions et on peut éliminer ces boites car elles n'apportent aucune information dans les tests de cohérence.
— L'ensemble de boites $\mathbf{S}_{int}$: comprend toutes les boites qui vérifient le test d'inclusion. La condition nécessaire est qu'il faut que l'image de ces boites soient à l'intérieur du pavé image des contraintes $d_{\boldsymbol{R}'}$. Ces boites nous donnent une garantie numérique que le CSPI est satisfait puisque tous les éléments de ces boites sont solutions de ce CSPI.
— L'ensemble de boites $\mathbf{S}_{ext}$: désigne les boites qui se trouvent sur la frontière entre les boites $\mathbf{S}_{int}$ et $\mathbf{S}_{eli}$. On ne peut pas les classer dans $\mathbf{S}_{int}$ car elles ne contiennent pas que des solutions (la boite image n'est pas entièrement dans $d_{\boldsymbol{R}'}$). On ne peut pas non plus les éliminer car elles peuvent contenir éventuellement les solutions. De plus, on ne peut plus les découper car leur taille est déjà inférieure au seuil θ fixé au départ. Comme notre objectif est de vérifier si les CSPI sont satisfaits ou non, ces boites A_E qui contiennent éventuellement des solutions vont nous amener à conclure à l'absence d'anomalie et donc à un fonctionnement normal (sans aucune garantie cette fois-ci).

Idéalement, il est toujours préférable d'avoir des boites A_I plutôt que A_E car bien que ces deux type de boites nous conduisent à conclure que le CSPI est satisfait, seules des boites A_I nous permettent de garantir que le CSPI a véritablement des solutions. De manière générale, les RRAS peuvent contenir des contraintes de la forme $\boldsymbol{R}' = 0$, donc le domaine $d_{\boldsymbol{R}'}$ est réduit à un intervalle dégénéré. Dans ces conditions, il est impossible lors du test d'inclusion de trouver les boites A_I.

5.2.5 Conclusion

Cette section a eu pour but de présenter comment les tests de cohérence sont effectués dans le cadre de notre approche. Tout d'abord, l'approche intervalle est vue comme le moyen le plus adapté pour faire face aux problèmes des incertitudes que l'on peut avoir dans les modèles, ainsi que les différentes mesures, et cela a été présenté dans la première partie de ce chapitre. Ensuite, la deuxième partie explique comment nos RRAS sont évaluées, en utilisant l'outil d'inversion ensembliste résolvant des CSPI afin d'éviter les problèmes d'isolabilité et de calculabilité. Et finalement, la génération de résidu à partir des RRA, via les tests de cohérence, est remplacée par la notion de satisfaction de contraintes. En effet, il suffit de prouver qu'il existe au moins une solution permettant de satisfaire toutes les contraintes dans chaque RRAS pour conclure qu'il n'y a pas d'anomalie.

5.3 Transformation du CSPI

5.3.1 Introduction

Tous les ensembles de contraintes $\boldsymbol{C}'$ sont décomposables en 3 groupes suivant que :

1. Le nombre de contraintes est égal au nombre de variables

2. Le nombre de contraintes est inférieur au nombre de variables

3. Le nombre de contraintes est supérieur au nombre de variables

Pour le premier cas de figure, la méthode Inversion-Ensembliste est applicable directement pour cet ensemble de contraintes. On traite maintenant le deuxième point qui représente les ensembles de contraintes contenant plus de variables que de contraintes. Pour résoudre ce cas, il y a seulement deux solutions possibles consistant soit chercher à réduire le nombre de variables à traiter, soit rajouter des contraintes pour que le CSPI soit carré.

Avant de détailler cette méthode, considérons un CSPI simple défini par un ensemble de contraintes C' comme suit :

$$r_0 \;\; : \;\; y_1 - 1 - x = 0 \tag{5.5}$$
$$r_1 \;\; : \;\; x * y_1 - y_2 = 0$$

Ce C' contient deux contraintes $\{c_0, c_1\}$ où les relations entre les variables sont définies par r_0 et r_1. On a aussi $V = \{ X \cup Y \}$ avec $Y = \{y_1, y_2\}$ avec $[y_1] = [0,2]$,$[y_2]$= [-0.6,-0.5] et $X = \{x\}$ avec $[x]$= $]-\infty, +\infty[$.

Indépendamment de la méthode de résolution par intervalle, en combinant les deux relations r_0 et r_1, la relation r_2 est générée :

$$r_2 : y_2 = y_1^2 - y_1 \tag{5.6}$$

A partir de cette équation, la simple dérivée sur $y_2 = r_2(y_1)$ (5.6) nous permet de déterminer le maximum de cette fonction. Ceci est représenté via la courbe de la (Figure (5.3)) :

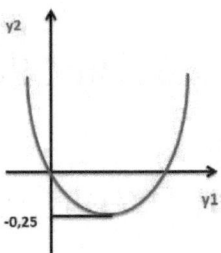

FIGURE 5.3: Courbe de la fonction (5.6)

Cette courbe montre que la valeur minimale, en valeur réelle, de la variable y_2 est -0,25. Or l'intervalle choisi comme support de y_2 est $[y_2]$ = [-0.6,-0.5], donc la solution attendue de ce CSPI doit être vide car $[y_2]$ ne contient aucune solution possible permettant de satisfaire le CSPI C' considéré.

Passons maintenant à la résolution de ce CSPI avec les méthodes de résolution par intervalle. Cependant, on peut constater également que ce CSPI n'est pas carré parce que le nombre de variable $V=\{y_1, y_2, x\}$ est supérieur au nombre de contraintes dans $C' = \{c_0, c_1\}$, ce qui empêche d'appliquer directement la méthode Inversion-Ensembliste. Afin de rendre ce CSPI soit carré, deux solutions possibles sont proposées :

1. On fait passer un certain nombre de variables dans la partie image de C' pour rendre le système carré.

2. En plus des contraintes existantes dans CSPI, on rajoute des contraintes fictives pour que le système soit carré.

5.3.2 Passage de variables

Remarque 7. *Quelle que soit la transformation effectuée sur l'ensemble de contraintes d'un CSPI, elle ne doit pas transformer le CSPI initial en un autre CSPI'*

Effectivement, cette remarque (7) est très importante car si on transforme le CSPI initial en un autre CSPI', on ne va plus résoudre le même problème et les résultats obtenus seront alors erronés. C'est pour cette raison que l'on doit bien vérifier si le CSPI transformé est toujours le même que le CSPI initial. Le CSPI (5.5) est satisfait lorsqu'il existe au moins un ensemble solution non-vide S_i telle que :

$$S_i = \{\exists y_1 \in [y_1], \exists y_2 \in [y_2], \exists x \in [x] | r_0(y_1, x) = 0, r_1(y_1, y_2, x) = 0\} \tag{5.7}$$

Cette équation (5.7) nous montre parfaitement qu'il y a seulement les variables $V = \{x, y_1, y_2\}$ qui interviennent dans ce CSPI. Rappelons que le résultat attendu doit être vide. Étudions donc la transformation des variables de ce CSPI C' pour que ce soit carré.

Avec la première solution présentée ci-dessus, les relations du CSPI (5.5) peuvent être réécrites de multiples façons comme suit :
— On fait passer la variable y_1 pour la première contrainte et y_2 pour la deuxième contrainte

$$r_0 : x + 1 = y_1 \tag{5.8}$$
$$r_1 : y_1 * x = y_2$$

— On fait passer la variable y_1 pour la première contrainte et aussi y_1 pour la deuxième contrainte

$$r_0 : x + 1 = y_1 \tag{5.9}$$
$$r_1 : y_2/x = y_1$$

— On fait passer la variable y_2 pour la deuxième contrainte

$$r_0 : x - y_1 + 1 = 0 \tag{5.10}$$
$$r_1 : y_1 * x = y_2$$

— On fait passer la variable x pour la première contrainte et la deuxième contrainte

$$r_0 : y_1 - 1 = x \qquad\qquad (5.11)$$
$$r_1 : y_2/y_1 = x$$

— On fait passer la variable x pour la première contrainte et y_2 pour la deuxième contrainte

$$r_0 : y_1 - 1 = x \qquad\qquad (5.12)$$
$$r_1 : y_1 * x = y_2$$

— On fait passer l'ensemble de variables y_2 et y_1 pour la deuxième contrainte

$$r_0 : x + 1 - y_1 = 0 \qquad\qquad (5.13)$$
$$r_1 : x = y_2/y_1$$

— On fait passer l'ensemble de variables y_2 et x pour la deuxième contrainte

$$r_0 : x + 1 - y_1 = 0 \qquad\qquad (5.14)$$
$$r_1 : y_1 = y_2/x$$

Analysons maintenant ces différentes possibilités de transformation.

Considérons la première expression (5.8) qui consiste à faire passer la variable y_1 pour la première contrainte et y_2 pour la deuxième contrainte. Rappelons que l'Inversion-Ensembliste est une méthode qui appartient à la famille des méthodes d'inversion ensembliste (partie (3.4.2) du chapitre (3)) qui consiste à explorer tout l'espace de recherche d_V d'un CSPI et à garder seulement les pavés qui satisfont le test d'inclusion. Par contre, la partie image $d_{R'}$ de ce CSPI n'est pas du tout touchée. Par conséquent, avec l'écriture (5.8), la variable y_1 dans la partie d_V sera découpée et réduite, tandis que ce n'est pas le cas pour la variable y_1 dans la partie $d_{R'}$. Autrement-dit, cette transformation a cassé le lien entre ces deux variables et a créé une nouvelle variable $\hat{y}_1$, dans la partie $d_{R'}$, au lieu de la variable y_1 initiale. Cela transforme le CSPI initial en un nouveau CSPI$'$ dont la solution est :

$$S'_i = \{\exists y_1 \in [y_1], \exists \hat{y}_1 \in [\hat{y}_1], \exists y_2 \in [y_2], \exists x \in [x] \qquad (5.15)$$
$$and \ r_0(x) = \hat{y}_1, r_1(y_1, x) = y_2\}$$

86

Les variables qui interviennent dans ce CSPI$'$ sont donc $\boldsymbol{V}' = \{x, y_1, y_2, \hat{y_1}\}$, ce qui est complètement différent de l'ensemble de variables $\boldsymbol{V}$ initial. De plus les deux relations c_0 et c_1 sont dépendantes via la variable y_1. Dans le CSPI (5.5) initial, le problème de dépendance occasionné dans le nouveau CSPI$'$ (5.8) conduit naturellement à l'inclusion $\boldsymbol{S}_i \subseteq \boldsymbol{S}'_i$. Des solutions peuvent donc exister pour le CSPI$'$ (5.8) sans que ce soit le cas pour le CSPI (5.5). C'est ce que nous confirme la figure (5.4), notamment au travers de l'A_I trouvé où les boites en oranges sont les boites d'approximation extérieur et les boites en vert sont les boites d'approximation intérieure avec la précision fixée à 0,001. Normalement, les boites A_I nous permettent de garantir de manière numérique que touts les points trouvés sont sûrement des solutions

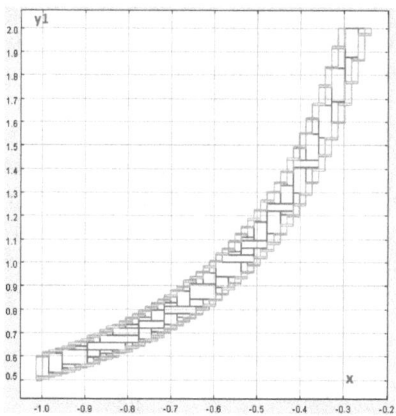

FIGURE 5.4: L'application de la méthode Inversion-Ensembliste au traitement le cas (5.8)

Cette écriture nous donne des résultats erronés s'ils sont mal interprétés. La seule conclusion est que le CSPI$'$ (5.8) a de manière garantie des solutions mais on ne peut rien présager des CSPI initial (5.5) dans ces conditions (qui lui n'admet aucune solution).

Avec ces explications, on peut en retirer la première condition à respecter : on ne doit pas casser le lien entre les différentes variables lors de cette transformation en faisant apparaitre dans les relations du CSPI une même variable de part et d'autre de l'égalité, ou plus exactement une variable apparaissant à droit de l'égalité ne doit jamais apparaitre une nouvelle fois à gauche dans l'ensemble des relations. A partir de-là, on peut éliminer les écritures : (5.8), (5.12), (5.13) et (5.14) qui ne traduisent plus le problème initial.

Concentrons nous maintenant sur les transformations de CSPI (5.9) et (5.11). Dans ces cas, cela revient à chercher les ensembles solution S_i suivants :

Pour le cas (5.9)

$$S_i = \{\exists y_1 \in [y_1], \exists y_2 \in [y_2], \exists x \in [x], \exists \hat{y_1} \in [y_1] \tag{5.16}$$
$$and \; r_0(x) = y_1, r_1(y_2, x) = \hat{y_1}\}$$

Et pour le cas (5.11)

$$S_i = \{\exists y_1 \in [y_1], \exists y_2 \in [y_2], \exists x \in [x], \exists \hat{x} \in [x] \tag{5.17}$$
$$and \; r_0(y_1) = x, r_1(y_2, y_1) = \hat{x}\}$$

On peut constater que les variables intervenant dans le CSPI ne sont pas les mêmes ce qui veut dire que l'on ne traite toujours pas le CSPI initial. En effet, un point important qu'il faut retenir lorsqu'on travaille avec l'approche intervalle est la notion de boite. Cette notion est cruciale pour décider si une variable v_i peut passer ou pas dans la partie image d'un CSPI et ceci est illustrée parfaitement via le cas (5.9) et le cas (5.11) En fait, quelque soient les valeurs de y_1 et de x dans ces deux cas (5.9) et (5.11), l'ensemble image des relations (r_0, r_1) est rigoureusement un segment de droit comme celui de couleur rouge sur la figure (5.5).

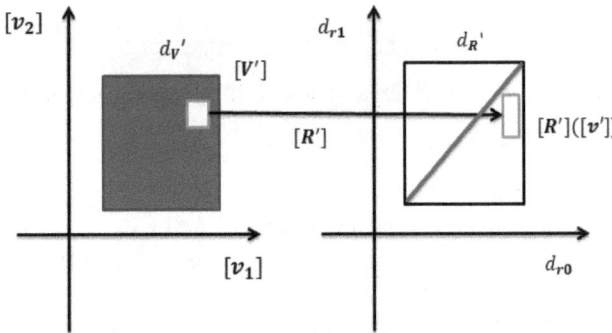

FIGURE 5.5: Problème de la dépendance entre les variables dans la partie $d_{\mathbf{R}}$

Comme nous travaillons seulement avec des boites, $d_{R'}$ est donc la boite englobant cette droite, ce qui revient à avoir un problème de dépendance respectivement sur y_1 et x en (5.9) et (5.11). Considérons une boite $v' \in d_{V'}$ et supposons que $[R'] ([v']) \in d_{R'}$ comme sur la figure (5.5). Malgré que la condition d'inclusion de cette boite v' soit vérifiée, il est erroné de conclure que $b1$ contient une solution de C'.

Normalement, le fait que $[R'] ([v'])$ se trouve à l'intérieur de la boite $d_{R'}$ nous permettra de dire que v' est une boite d'approximation intérieure. Or $[R'] ([v'])$ n'intersecte pas du tout la droite rouge en réalité ce qui montre parfaitement qu'il y a aucune solution de numériquement garantie dans cette boite v'. C'est pour cette raison que notre deuxième condition est donc : il est interdit de créer des dépendances entre variables dans la partie $d_{R'}$ (avoir plusieurs fois la même variable dans cette partie).

Après avoir éliminé ces différentes écritures, il nous reste le cas (5.10). Examinons la façon dont la transformation a été réalisée. Alors ce CSPI est satisfait lorsqu'il existe au moins une solution S_i telle que :

$$S_i = \{\exists y_1 \in [y_1], \exists x \in [x], \exists y_2 \in [y_2] | r_0(y_1, x) = 0, r_1(y_1, x) = y_2\} \quad (5.18)$$

On peut facilement constater que cette écriture ne crée pas du tout de dépendance dans la partie $d_{R'}$ et qu'elle conserve exactement le CSPI initial. C'est aussi le seul cas qui nous donne le résultat attendu, un résultat vide, à l'issu de la méthode Inversion-Ensembliste, qui signifie qu'il n'existe pas de solution pour satisfaire ce CSPI. Par conséquent, les conditions à respecter lorsque l'on veut faire passer les variables de V' dans la partie image de C' sont :

— on ne doit pas casser le lien entre les différentes variables en s'interdisant qu'une même variable apparaisse de part et d'autre de l'égalité dans les différentes relations.

— il est interdit de créer des dépendances entre des variables présentes dans la partie image de C'(avoir plusieurs fois la même variable dans cette partie)

Par conséquent, la condition à respecter lorsque l'on veut faire passer des variables dans la partie image est : seules les variables qui apparaissent une seule fois dans les relations sont autorisées au passage car la méthode d'inversion, en ne découpant/réduisant plus ces variables, conduirait pour problème de dépendance à résoudre un CSPI différent. Néanmoins, il n'est pas toujours possible de faire passer des variables dans la partie image. Cela peut provenir du fait qu'il n'y a aucune variable qui respecte les conditions de transformation. La deuxième solution qui consiste à rajouter des contraintes fictives nous permettra de résoudre cette difficulté.

5.3.3   Ajout de contraintes fictives

Reprenons l'exemple (5.5) où le nombre de variables est de 3 : V' $= \{y_1, y_2, x\}$ et le nombre de contraintes est de 2 $C = \{c_0, c_1\}$. Donc pour que ce CSPI soit carré, on peut rajouter en plus une contrainte fictive à condition que cette contrainte n'ait aucune influence sur le CSPI. Par conséquent, la solution que l'on a adopté est de réutiliser une des variables connues pour construire cette contrainte : soit $c_{fictive_1}$, soit $c_{fictive_2}$ avec (Une variable connue est plus préférable qu'une variable inconnue dans le sens où leur support est connu donc moins de traitement lors des étapes réduction/bissection) :

$$r_{fictive_1} : y_1 = y_1 \tag{5.19}$$

ou bien

$$r_{fictive_2} : y_2 = y_2 \tag{5.20}$$

Dans ce cas, notre CSPI consistera à trouver au moins une solution S_i telle que :

Pour le premier cas où on rajoute en plus la contrainte $c_{fictive_1}$:

$$S_i = \{\exists y_1 \in [y_1], \exists y_2 \in [y_2], \exists x \in [x], \exists \hat{y_1} \in [\hat{y_1}]$$
$$|r_0(y_1, x) = 0, r_1(y_2, y_1, x) = 0, r_{fictive_1}(y_1) = \hat{y_1}\} \tag{5.21}$$

Pour le deuxième cas où on rajoute en plus la contrainte $c_{fictive_2}$:

$$S_i = \{\exists y_1 \in [y_1], \exists y_2 \in [y_2], \exists x \in [x], \exists \hat{y_2} \in [\hat{y_2}]$$
$$|r_0(y_1, x) = 0, r_1(y_2, y_1, x) = 0, r_{fictive_2}(y_2) = \hat{y_2}\} \tag{5.22}$$

A première vue, on peut facilement constater qu'il y a un changement par rapport au CSPI initial car on a rajouté en plus une contrainte fictive. De plus, par rapport aux explications précédentes, on crée en plus une variable nouvelle : soit $\hat{y_1}$ pour le premier cas, soit $\hat{y_2}$ pour le deuxième. Cependant, ces deux cas méritent d'être détaillés afin de comprendre l'influence créée sur le CSPI initial.

Effectivement, concentrons maintenant sur le premier cas (le deuxième cas est identique), on peut remarquer que cette contrainte fictive $c_{fictive_1}$ n'a aucune influence sur les deux premières contraintes c_0, c_1 qui ne changent pas du tout et correspondent aux contraintes du CSPI initial. Quant à la contrainte fictive $c_{fictive_1}$, elle est toujours vraie quelles que soient les valeurs des variables utilisées dans c_0 et c_1, elle est donc complètement transparent. En conclusion, même si on rajoute en plus une contrainte fictive, le CSPI en lui-même n'est pas transformé et donc ces deux contraints fictives sont acceptables.

Notons qu'il est toujours interdit de créer des dépendances de variables dans la partie image de C' (avoir plusieurs fois la même variable dans cette partie). Pour ce faire, la condition à respecter est donc : on ne peut pas réutiliser une variable qui a été passée dans la partie image pour construire une contrainte fictive.

Cette méthode Transformation-des-Variables permet d'effectuer un pré-traitement sur les CSPI avant l'application de la méthode Inversion-Ensembliste pour les évaluer. Ce pré-traitement nous permettra de traiter nos CSPI et il permet également de réduire au maximum la dimension de l'espace de recherche à explorer ce qui est très avantageux lorsqu'on a des CSPI de grande taille à traiter. La méthode Transformation-des-Variables est donnée dans l'algorithme (4)

Où *Dim* est le nombre des éléments dans chaque ensemble correspondant. La fonction Rajout Constrains(CSPI_i) est donnée dans l'algorithme (5)

Une fois ce pré-traitement effectué, on est sûr que nos CSPI sont carrés et on peut alors appliquer la méthode Inversion-Ensembliste pour les évaluer.

5.3.4 Conclusion

Dans cette section, nous avons présenté la méthode Transformation-des-Variables qui consiste à rendre un CSPI non-carré carré. Il y a deux solutions sont exposées dont la première solution qui consiste à réduire le nombre de variables à traiter par réduction et bissection en passant un certain nombre de variables dans la partie image des contraintes. Cependant, cette solution pose un problème majeur si on ne peut pas faire passer suffisamment de variables dans la partie image, c'est-à-dire qu'après le passage des variables, le CSPI reste toujours non-carré. Dans ce cas, la deuxième solution est complémentaire en ajoutant des contraintes fictives. Les contraintes fictives n'apportent pas d'information mais devront être traité lors du processus de calcul, il est préférable d'en limiter l'utilisation en faisant la premier solution.

Procedure 4 *Algorithme de transformation CSPI*

$n = \text{Dim}(\boldsymbol{V})$ - $\text{Dim}(\text{CSPI})$
if $n < 0$ **then**
    We can not compute this CSPI
end if
if $n = 0$ **then**
    The CSPI is squared
end if
if $n > 0$ **then**
    while $n > 0$ **do**
        for Each constrain $c_j \in \text{CSPI}$ **do**
            for Each known variable $y_i \in var_{me}c_j$ **do**
                if $Dim(y_i) = 1$ **then**
                    $d_r = d_r \leftarrow y_i$
                    break
                end if
            end for
            $n = n - 1$
        end for
        if $n > 0$ **then**
            Add Constrains($CSPI_i$)
            $n = n - 1$,
        end if
    end while
end if

Procedure 5 Add Constrains($CSPI_i$)

---

for Each variable $y_i \in \boldsymbol{V}$ **do**
    if y_i is not used and $Dim(y_i) = 1$ **then**
        Add $c_j : y_i = y_i$
    end if
end for

5.4 Application à l'évaluation des relations de redondance analytique symboliques

5.4.1 Introduction

Maintenant que nous avons présenté toutes les étapes pour générer les RRAS, prendre en compte des incertitudes et évaluer ces RRAS sous forme de CSPI, nous allons passer au traitement des RRAS générées précédemment dans l'exemple statique du chapitre (4)

5.4.2 Test de cohérence

Prenons la première RRAS$_1$ générée à partir du système (4.3), les différentes étapes pour tester la cohérence entre les informations de cette RRAS sont détaillées comme suit :

$$r_0 \ : \ -0.01 * x_1 + 0.01 * x_2 + 0.1 * y_1 = 0$$
$$r_1 \ : \ 0.01 * x_1 - 0.11 * x_2 = 0$$
$$r_2 \ : \ y_2 - x_1 - x_2 = 0$$

Avec CSPI $=\{c_0, c_1, c_2\}, V = \{X \cup Y\}$ avec $X = \{x_1, x_2\}, Y = \{y_1, y_2\}$.

La première question qu'il faut poser est de savoir si ce CSPI est carré pour pouvoir appliquer directement la méthode Inversion-Ensembliste ? Ceci n'est pas le cas car le nombre de variables vaut 4 et le nombre de contraintes vaut 3. Donc l'étape de pré-traitement de ce CSPI, avec la méthode Transformation-des-Variables, est nécessaire. Cela nous donne le CSPI transformé suivant :

$$r_0 \ : \ -0.01 * x_1 + 0.01 * x_2 = -0.1 * y_1$$
$$r_1 \ : \ 0.01 * x_1 - 0.11 * x_2 = 0$$
$$r_2 \ : \ y_2 - x_1 - x_2 = 0$$

On peut constater que la variable y_1 est passée dans la partie image car elle respecte toutes les conditions requises. Le CSPI est devenu carré et il y a 1 variable en moins à traiter pour la méthode Inversion-Ensembliste.

Considérons que ce système est en régime permanent et que les supports variables sont donnés par : $[y_1] = [1, 1.1] \ m^3/s$, $[y_2] = [12, 13.2] \ m^3$, $[y_3] = [1, 1.1] \ m^3/s, [x_1] =]-\infty, +\infty[, [x_2] =]-\infty, +\infty[$. Avec ces valeurs, on obtient les résultats de la première RRAS$_1$ avec l'application de la méthode Inversion-Ensembliste, pour une précision fixée à 0.01 sur la (Figure (5.6)) :

Cette figure nous montre qu'il existe effectivement des solutions permettant de satisfaire le CSPI. Et on peut conclure que les mesures sont

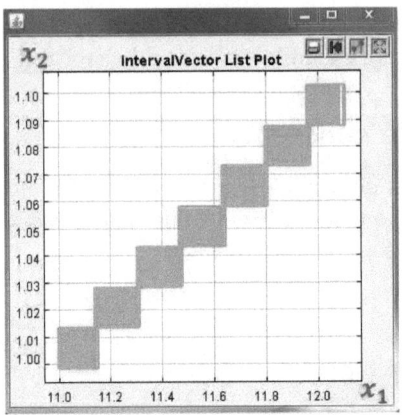

FIGURE 5.6: Application sur l'exemple (5.23)

cohérentes avec la RRAS$_1$. Appliquons maintenant ceci à l'ensemble des RRAS trouvées pour le système statique (4.3).

— RRAS$_1$=$\{c_0, c_1, c_2\}$
— RRAS$_2$=$\{c_0, c_1, c_3\}$
— RRAS$_3$=$\{c_0, c_2, c_3\}$
— RRAS$_4$=$\{c_1, c_2, c_3\}$

En appliquant les deux étapes précédentes à l'évaluation de ces RRAS, on obtient les résultats suivants (Figure (5.7)) :

Cette figure nous montre l'ensemble de résultats pour tous les CSPI et comme ils sont tous satisfaits, la conclusion qu'on peut en retirer est que toutes les informations dans ce système sont cohérentes et donc qu'il n'est pas en mauvais fonctionnement.

Notons que les problèmes d'inversion ont été menés à leur termes et que toutes les solutions des différents CSPI ont été calculées, mais on aurait pi conclure des lors qu'un pavé solution était trouvé et ne pas poursuivre le calcul.

Maintenant, supposons que le capteur y_3 soit en défaut et nous donne un intervalle $[y_1]$= $[0.8, 0.9]$ au lieu de $[1, 1.1]$. Alors les résultats obtenus sont donnés sur la figure (5.8) :

On peut constater que trois CSPI ne sont pas satisfaits ce qui veut dire que le système n'est pas en bon fonctionnement. Dans ce cas, il va falloir passer à l'étape de localisation de défaut dans le système. Bien que cette étape ne fasse pas partie du cadre de ces travaux, un outil courant que l'on peut utiliser est la table de signatures (Table (5.1))

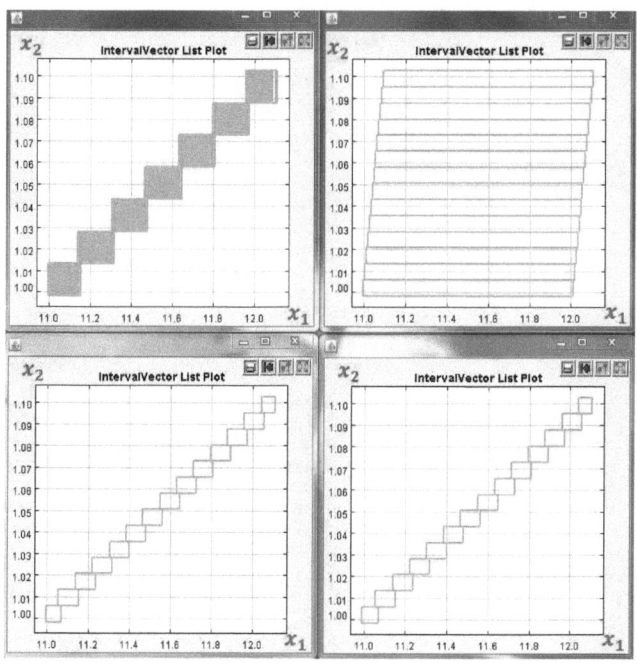

FIGURE 5.7: Résultats des tests de cohérence des RRAS

sous l'hypothèse qu'il y a qu'un seul défaut à la fois.

	$RRAS_1$	$RRAS_2$	$RRAS_3$	$RRAS_4$
y_1	1	1	1	0
y_2	1	0	1	1
y_3	0	1	1	1

TABLE 5.1: Table de signatures

Cette table est en deux dimensions : les colonnes correspondent aux RRAS et les lignes correspondent aux variables. Elle nous montre s'il y a ou non l'intervention des variables dans les RRAS et cela est traduit par 1 lorsqu'une variable est présente dans une RRAS donnée et 0 si ce n'est pas le cas. Via cette table, on peut constater que la quatrième $RRAS_4$ ne contient pas y_1 et c'est aussi la seule qui conduit à un CSPI satisfait. Tandis que tous les autres ne sont pas satisfaits et ce sont ceux qui contiennent y_1. A partir de là, on peut conclure que le problème vient de cette variable y_1.

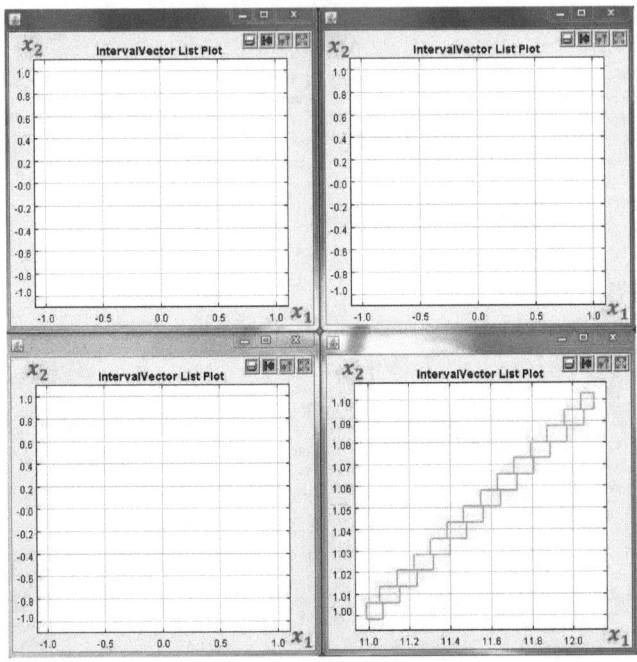

FIGURE 5.8: Les résultats des RRAS avec un défaut

5.4.3 Conclusion

Dans cette section, nous avons présenté l'application de la méthode Inversion-Ensembliste à l'évaluation des RRAS générées concrètement à partir d'un système statique. Cela est illustré via le premier cas de figures qui consiste à effectuer les tests de cohérence sur ces RRAS sous l'hypothèse que l'on possède de données cohérentes. Ensuite, le deuxième cas de figure a montré l'impossibilité de satisfaire touts les CSPI correspondants aux RRAS lorsqu'il y a un défaut.

5.5 Contributions

Ce chapitre avait pour but de présenter l'application de l'approche intervalle pour le double objectif de :

— prendre en compte les différentes sources d'incertitudes présentes dans un modèle.
— effectuer les tests de cohérence pour toutes les RRAS générées de manière automatique sous forme de CSPI avec une méthode d'inversion ensembliste.

Chapitre 6

Génération des Relations de Redondance Analytique Symbolique dans le cas dynamique

6.1 Introduction

Les chapitres (4) et (5) ont présenté notre méthode qui permet d'effectuer la détection des défauts sur les systèmes statiques. L'objectif de ce chapitre est consacré à l'application de notre méthode aux systèmes dynamiques qui représentent la majorité des systèmes industriels. Un système est dit dynamique s'il évolue au cours du temps et cette évolution dépend de son comportement passé et présent. L'objectif de ce chapitre est de présenter comment cette évolution est prise en compte dans notre approche afin de pouvoir générer les paquets de contraintes RRAS qui seront utilisés pour les tests de cohérence. Nous n'allons pas nous focaliser sur les tests de cohérence par la suite, car ils restent identiques à ceux du chapitre (5), mais seulement sur la génération des RRAS et la validation de ces résultats.

6.2 Construction de relations de redondance analytique symboliques

6.2.1 Introduction

Cette première section est réservée à la génération des RRAS et est composée de trois parties dont la première consiste à décrire un système dynamique en général. Puis notre algorithme sera présenté en se basant sur cette description et l'exemple d'un parcours servant à la génération des RRAS sera détaillé à la fin.

6.2.2 Reformulation du problème dans un cas dynamique

Reprenons l'exemple de deux bacs contenant des produits chimiques toxiques dans le chapitre (4) précédent.

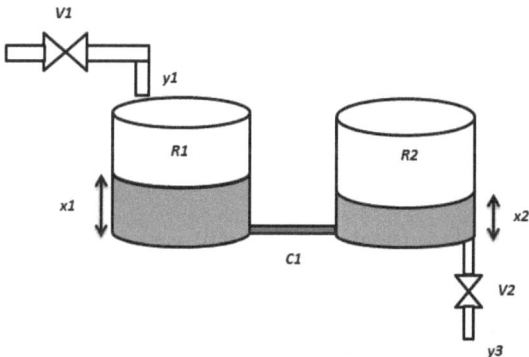

FIGURE 6.1: Exemple d'un système dynamique

et le modèle de bon comportement de ce système est donné comme suit :

$$
\begin{aligned}
\frac{dx_1}{dt} &= -\alpha * (x_1(t) - x_2(t)) + y_1(t) \\
\frac{dx_2}{dt} &= +\alpha * (x_1(t) - x_2(t)) - \beta * x_2(t) \\
y_2(t) &= x_1(t) + x_2(t) \\
y_3(t) &= \beta * x_2(t)
\end{aligned}
\tag{6.1}
$$

Les paramètres α et β désignent respectivement le taux d'évacuation de produits chimiques entre les deux réservoirs R_1, R_2 via la conduite C_1 et du réservoir R_2 via la vanne V_2. En notant T_e la période d'échantillonnage et k l'indexe de l'échantillon, la discrétisation du modèle continu (6.1) conduit à la représentation d'état suivante :

$$
\begin{aligned}
x_1(k+1) &= x_1(k) + T_e * (-\alpha * (x_1(k) - x_2(k)) + y_1(k)) \\
x_2(k+1) &= x_2(k) + T_e * (+\alpha * (x_1(k) - x_2(k)) - \beta * x_2(k)) \\
y_2(k) &= x_1(k) + x_2(k) \\
y_3(k) &= \beta * x_2(k)
\end{aligned}
\tag{6.2}
$$

Supposons dans ce cas que les vannes V_1 et V_2 sont constamment ouvertes et que les différents paramètres sont initialisés à : $T_e = 0.1$, $\alpha = 0.1$ et $\beta = 1$, le modèle de bon comportement de ce système S dynamique est représenté par l'ensemble de contraintes suivantes C :

$$
\begin{aligned}
r_0(k) &: x_1(k+1) - (x_1(k) + 0.1 * (-0.1 * (x_1(k) - x_2(k)) + y_1(k))) = 0 \\
r_1(k) &: x_2(k+1) - (x_2(k) + 0.1 * (0.1 * (x_1(k) - x_2(k)) - x_2(k))) = 0 \\
r_2(k) &: x_1(k) + x_2(k) - y_2(k) = 0 \\
r_3(k) &: x_2(k) - y_3(k) = 0
\end{aligned}
\tag{6.3}
$$

et le modèle final est obtenu comme suit :

$$
\begin{aligned}
r_0(k) &: x_1(k+1) - (0.99 * x_1(k) + 0.01 * x_2(k) + 0.1 * y_1(k)) = 0 \\
r_1(k) &: x_2(k+1) - (0.89 * x_2(k) + 0.01 * x_1(k)) = 0 \\
r_2(k) &: x_1(k) + x_2(k) - y_2(k) = 0 \\
r_3(k) &: x_2(k) - y_3(k) = 0
\end{aligned}
\tag{6.4}
$$

Où : $C = \{c_0(k), c_1(k), c_2(k), c_3(k)\}$; $V = \{\ X \cup Y\ \}$ avec $X = \{x_1(k), x_2(k), x_1(k+1), x_2(k+1)\}$ et $Y = \{y_1(k), y_2(k), y_3(k)\}$.

Ce système a été partiellement présenté dans le chapitre (4) sous la forme d'un système statique, pour lequel, en se plaçant en régime permanent les variables $x_i(k)$ et $x_i(k+1)$ sont identiques. C'est la raison pour laquelle, on a obtenu le modèle simplifié (4.3).

Dans ce cas dynamique, on peut constater qu'il y a deux types de variables dont le premier est l'ensemble de variables de l'instant k :$\{x_1(k), x_2(k), y_1(k), y_2(k),$

$y_3(k)\}$ que l'on peut noter $\boldsymbol{V}_c$ qui signifie l'ensemble de variables de l'instant courant. Le deuxième type de variables est l'ensemble de variables de l'instant $k + 1 : \{x_1(k + 1), x_2(k + 1)\}$ que l'on peut noter $\boldsymbol{V}_d$ qui signifie l'ensemble de variables dynamiques directement aux variables $\boldsymbol{V}_c$. Celles-ci permettent de faire évoluer l'état du système en fonction du passé. On peut constater que la différence majeure de ce système dynamique par rapport au système statique est l'apparition de l'ensemble $\boldsymbol{V}_d$, il faut prendre en compte les relations entre les variables aux différents instants. Un point important à retenir est qu'une même variable v_i sur deux instants différents, $v_i(k)$ et $v_i(k+j)$, prendra deux valeurs différentes. Par conséquent, on les considère comme deux variables inconnues à expliquer si v_i est une variable d'état, et deux variables différentes à utiliser pour expliquer les variables inconnues si v_i est une variable mesurée. Selon l'équation (4.2), une contrainte c_i est définie par un triplet $c_i = \{r_i, \boldsymbol{V}_i, \boldsymbol{D}_i\}$ où r_i est la relation entre les variables intervenant dans la contrainte c_i, $\boldsymbol{V}_i$ est l'ensemble des variables et $\boldsymbol{D}_i$ est l'ensemble des supports des variables. Or une même variable sur deux instants différents prendra deux valeurs différentes, donc une même contrainte c_i sur deux instants est différente, l'ensemble $\boldsymbol{V}_i$ peut changer tout comme l'ensemble $\boldsymbol{D}_i$. C'est pour cette raison que $c_i(k)$ est considérée comme différente de $c_i(k+j)$ et que les contraintes sont elles aussi indicées temporellement.

Avec cette considération entre les variables et les contraintes sur les différents instants, le modèle d'un système dynamique est un ensemble de contraintes $\boldsymbol{C}_d$ que l'on peut représenter sous la forme :

$$\boldsymbol{C}_d = \{c_0(k), c_1(k), c_2(k), ..., c_n(k), c_0(k + 1), c_1(k + 1), ..., c_n(k + m)\} \tag{6.5}$$

avec

$$c_i(k + j) = \{r_i(k + j), \boldsymbol{V}_i(k + j), \boldsymbol{D}_i(k + j)\} \tag{6.6}$$

Et l'indice k représente l'instant de début d'horizon du système et m est la longueur, en terme de temps, de l'historique que l'on peut avoir sur le système. En vue d'effectuer le diagnostic sur l'ensemble de ce système, il convient toujours de générer les RRAS relatives aux tests de cohérence. Cela revient à éliminer toutes les variables inconnues afin de construire les paquets de contraintes qui seront utilisés pour les tests de cohérence avec la méthode Inversion-Ensembliste. Ces paquets de contraintes sont aussi appelés les Relations de Redondance Analytique Symbolique ou RRAS et les principes sont les mêmes que dans le cas statique mais avec quelques ajustements supplémentaires. Avant d'entrer dans les détails de la méthode, la représentation du modèle de bon comportement du système sous forme d'un graphe biparti est donnée via la figure (6.2).

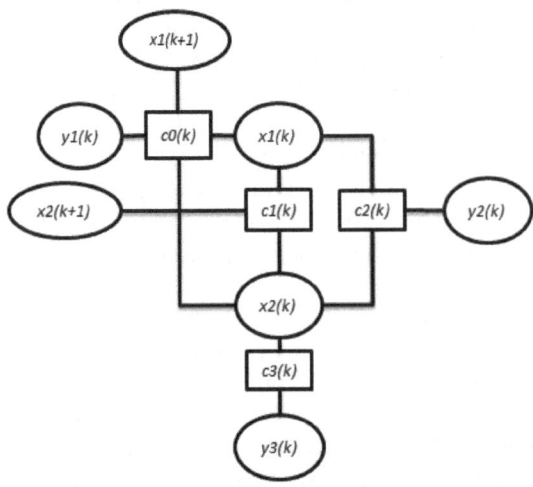

FIGURE 6.2: Représentation du système défini par l'ensemble d'équations (6.3) sous forme de graphe biparti

Comme expliqué précédemment, ce graphe biparti est une représentation structurelle entre les variables et les contraintes. Malgré le fait de marquer les variables et les contraintes temporellement, la structure du système ne changera pas au cours du temps. Seuls les indices de temps changent pour nous indiquer à quel instant une variable ou une contrainte est utilisée. De ce fait, cette représentation est complètement applicable pour représenter le système sur tous les instants. Une fois que le système dynamique est formulé, on passe maintenant à la partie algorithme qui permet de parcourir le graphe pour générer les RRAS.

6.2.3 Algorithme

L'idée générale de la méthode reste la même qu'au cas statique, elle consiste à générer les RRAS en éliminant toutes les variables inconnues X par les contraintes et les variables connues via les parcours de graphe mais avec quelques éléments différents :

— Le premier consiste à distinguer les variables inconnues X en deux groupes différents que l'on note X_c l'ensemble des variables inconnues de l'instant courant (c'est aussi l'instant le plus ancien)

et X_d l'ensemble des variables inconnues dynamique des instants suivants. Ceci permet d'obtenir : $X = \{X_c \cup X_d\}$. Cette distinction permettra à l'algorithme d'expliquer d'abord l'ensemble des variables inconnues de l'instant courant du système avec seulement les contraintes du même instant. Une fois toutes les variables de l'instant courant expliquées, alors les variables dynamiques des instants suivants seront expliquées, l'objectif étant de construire en priorité des RRAS sur des horizons le plus petit possibles. A ce stade, l'ensemble X_d est extrait pour avoir à nouveau un ensemble X_c.

— Le deuxième consiste à définir la taille de l'horizon que l'on note h. La taille h est le nombre d'instants nécessaires à prendre en compte pour pouvoir expliquer toutes les variables inconnues X. Cette nécessité vient du fait qu'il faut avoir suffisamment de contraintes, sur un horizon de temps, pour pouvoir expliquer toutes les variables inconnues X dans la plupart des systèmes dynamiques. Cela peut être illustré parfaitement via l'exemple (6.4), l'ensemble de variables X contient quatre variables inconnues à expliquer : $\{x_1(k), x_2(k), x_1(k+1), x_2(k+1)\}$, tandis que l'ensemble de contraintes C_d contient seulement quatre contraintes $\{c_0(k), c_1(k), c_2(k), c_3(k)\}$. Or, selon la remarque (2), une RRAS est dite minimale lorsque le nombre de contraintes de cette RRAS est égal au nombre de variables inconnues X +1 et ce n'est pas le cas. Par conséquent, il va falloir qu'on utilise les contraintes aux instants supérieurs pour pouvoir générer les RRAS. La taille h doit être choisie de manière à être minimale tout en nous permettant de générer les RRAS. Le choix de h va être détaillé dans la section suivante.

La question que l'on peut se poser est comment peut-on distinguer les variables X_c et les variables X_d dans les parcours de recherche ? C'est pourquoi les définitions (14),(15) et (16) seront légèrement modifiées dans ce chapitre pour la recherche des RRAS.

Définition 20. *S'il existe une contrainte c_j telle qu'une variable v_i, de même instant que c_j, appartient à cette contrainte c_j, alors la variable v_i est explicable symboliquement par la contrainte c_j à partir de l'ensemble de variables $var(c_j) - \{v_i\}$.*

Effectivement, la précision sur la contrainte "de même instant" que la variable nous permettra de faire la distinction abordée. La définition qui consiste à définir une substitution symbolique d'une variable devient :

Définition 21. *Notons C'_d un ensemble de contraintes d'un système dynamique, une substitution symbolique d'une variable v_i de C'_d consiste à chercher une contrainte c_j, de même instant que v_i , qui n'est pas dans C'_d , telle que v_i soit explicable par c_j.*

Pour un parcours, seules les variables inconnues de l'instant courant, que l'on note X'_c, seront expliquées dans un premier temps. La substitution symbolique, au fur et à mesure, de ces variables nous demande d'utiliser de nouvelles contraintes sur le parcours. Pour un ensemble de contrainte C'_d, notons Y'_d l'ensemble des variables mesurées, ou bien qui sont déjà substituées. Durant la substitution, la contrainte c_j est ajoutée dans C'_d et la variable v_i est ajoutée dans Y'_d. Chaque nouvelle contrainte c_j ajoutée, peut contenir des nouvelles variables mesurées, ainsi que non mesurées autres que v_i, notons donc $var_{me}(c_j)$ l'ensemble des variables mesurées de (c_j), $var_{inc}(c_j)$ est l'ensemble de variables inconnues de l'instant courant et $var_{ind}(c_j)$ est l'ensemble de variables inconnues dynamiques des instants suivants.

Définition 22. *La substitution symbolique d'une variable v_i par la contrainte c_j, de même instant, consiste à faire la transformation de C'_d suivante :*

$$C'_d = C'_d \cup \{c_j\}$$
$$Y'_d = Y'_d \cup \{v_i\} \cup var_{me}(cj)$$
$$X'_c = X'_c \cup var_{inc}(c_j) - \{v_i\}$$
$$X'_d = X'_d \cup var_{ind}(c_j)$$

Pour le cas dynamique, notre algorithme est divisé en trois parties :

1. Une procédure (7) permet de ne prendre en compte que des contraintes de l'instant courant k contenant au moins une variable mesurée pour débuter un parcours de recherche

2. Un algorithme principal (6) permet de générer les différentes RRAS du modèle en prenant en compte les variables aux différents instants.

3. Une procédure (8) permet de diviser l'ensemble de variables inconnues dynamiques X'_d en deux parties :

   (a) L'ensemble X''_c des variables inconnues dynamiques de l'instant qui devient courant. Cette distinction est importante lorsque les variables X'_c sont déjà toutes expliquées et qu'il faut progresser dans l'horizon.

104

(b) L'ensemble des variables inconnues dynamiques $\boldsymbol{X}_d^{''}$ qui appartiennent aux instants supérieurs de l'instant courant.

Autrement-dit, l'ensemble $\boldsymbol{X}_d^{'}$ est décomposé en deux sous ensembles complémentaires $\boldsymbol{X}_d^{'} = \{\boldsymbol{X}_d^{''} \cup \boldsymbol{X}_c^{''}\}$ lorsque $\boldsymbol{X}_c^{'}$ devient vide et qu'il est nécessaire d'expliquer les variables de l'instant courant suivant.

Algorithm 6 Algorithme de génération des RRAS pour le cas dynamique

---

for each constraint c_j which contains at least one known variable
do
    Initialize $\boldsymbol{C}_d^{'} = \{c_j\}$
    Initialize $\boldsymbol{Y}_d^{'} = var_{me}(c_j)$
    Initialize $\boldsymbol{X}_c^{'} = var_{inc}(c_j)$
    Initialize $\boldsymbol{X}_d^{'} = var_{ind}(c_j)$
    Initialize $Liste_{RRAS} = \{\}$
    $Liste_{RRAS} =$ Trouver-RRAS($\boldsymbol{Y}_d^{'};\boldsymbol{X}_c^{'};\boldsymbol{X}_d^{'};\boldsymbol{C}_d^{'};k;h) \cup Liste_{RRAS}$
end for

6.2.4 Exemple illustratif

Appliquons maintenant l'algorithme à la génération des RRAS pour l'exemple défini par l'ensemble d'équations (6.4). L'exécution d'un parcours qui commence par la contrainte c_0 est détaillée via la figure (6.3).

On peut facilement constater que cette figure (6.3) contient une partie qui n'est rien d'autre que la première RRAS trouvée dans le cas statique lorsqu'on cherche à expliquer simplement les deux variables inconnues $\boldsymbol{X}_c^{'} = \{x_1(k); x_2(k)\}$. La partie complémentaire spécifique au cas dynamique et présentée sur cette figure (6.3), consiste à chercher à expliquer l'une des variables inconnues exprimées l'instant $k+1$ $\boldsymbol{X}_d^{'} = \{x_1(k+1), x_2(k+1)\}$. Effectivement, en utilisant la même structure de modèle avec les mêmes contraintes et variables mais à l'instant $k+1$, le parcours répète à nouveau le même mécanisme. Et en utilisant la contrainte $c_2(k+1)$ pour expliquer $\{x_1(k+1)\}$, on tombe sur le cas où il reste une variable inconnue $x_2(k+1)$ appartient à $c_1(k)$ et qui n'a pas encore été expliquée. Par conséquente, elle a été ajoutée dans $\boldsymbol{X}_c^{'}$ et le parcours continue son chemin jusqu'au moment où les deux ensembles $\boldsymbol{X}_c^{'}$ et $\boldsymbol{X}_d^{'}$ sont vides. Finalement, les quatre RRAS dynamiques générées sont :

Procedure 7 Trouver-RRAS($\boldsymbol{Y}'_d$; $\boldsymbol{X}'_c$; $\boldsymbol{X}'_d$; $\boldsymbol{C}'_d$; k ; h)
---

if $\boldsymbol{X}'_c$ et $\boldsymbol{X}'_d$ are {} then
  return RRAS = $\boldsymbol{C}'_d$
else
  Initialize $Liste_{RRAS}$ = {}
  for each variable $x_i \in \boldsymbol{X}'_c$ do
    for each constraint c_j which can explain x_i do
      if $\exists\ x_q \in c_j$ belongs to the instant greater than $k + h$ then
        return RRAS = {}
      else
        if $c_j \notin \boldsymbol{C}'_d$ and c_j is at the same instant that x_i then
          $\boldsymbol{C}'_d = \boldsymbol{C}'_d \cup \{c_j\}$
          $\boldsymbol{Y}'_d = \boldsymbol{Y}'_d \cup \{x_i\} \cup var_{me}(cj)$
          $\boldsymbol{X}'_c = \boldsymbol{X}'_c \cup var_{inc}(c_j)$ - $\{x_i\}$
          $\boldsymbol{X}'_d = \boldsymbol{X}'_d \cup var_{ind}(c_j)$
          if $\boldsymbol{X}'_c$ is {} and $\boldsymbol{X}'_d$ is not {} then
            $k = k+1$
            $h = h$-1
            Extraction($\boldsymbol{X}'_d$, $\boldsymbol{X}'_c$, k)
          end if
          RRAS = Trouver-RRAS($\boldsymbol{Y}'_d$; $\boldsymbol{X}'_c$; $\boldsymbol{X}'_d$; $\boldsymbol{C}'_d$; k ; h) {Each obtained RRAS is added into the set of solutions $Liste_{RRAS}$}
          $Liste_{RRAS} = Liste_{RRAS} \cup$ RRAS
        end if
      end if
    end for
  end for
end if
return $Liste_{RRAS}$

Procedure 8 Extraction($\boldsymbol{X}'_d$; $\boldsymbol{X}'_c$; k)
---

for each variable $x_i \in \boldsymbol{X}'_d$ do
  if instant of $x_i = k$ then
    $\boldsymbol{X}'_d = \boldsymbol{X}'_d$ - $\{x_i\}$
    $\boldsymbol{X}'_c = \boldsymbol{X}'_c \cup \{x_i\}$
  end if
end for

---

1. $RRAS_1 = \{c_0(k); c_1(k); c_2(k); c_2(k+1); c_3(k+1)\}$

106

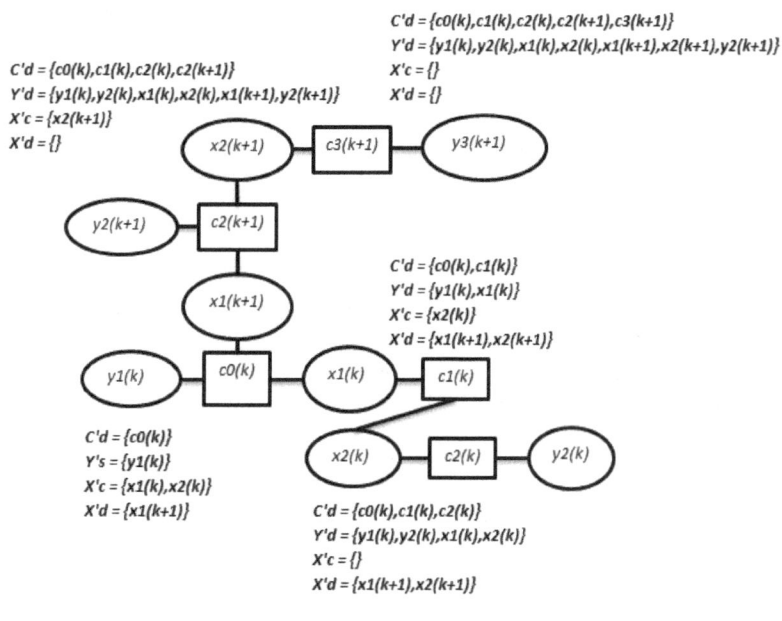

C'd = {c0(k),c1(k),c2(k),c2(k+1)}
Y'd = {y1(k),y2(k),x1(k),x2(k),x1(k+1),y2(k+1)}
X'c = {x2(k+1)}
X'd = {}

C'd = {c0(k),c1(k),c2(k),c2(k+1),c3(k+1)}
Y'd = {y1(k),y2(k),x1(k),x2(k),x1(k+1),x2(k+1),y2(k+1)}
X'c = {}
X'd = {}

x2(k+1) — c3(k+1) — y3(k+1)

y2(k+1) — c2(k+1)

x1(k+1)

C'd = {c0(k),c1(k)}
Y'd = {y1(k),x1(k)}
X'c = {x2(k)}
X'd = {x1(k+1),x2(k+1)}

y1(k) — c0(k) — x1(k) — c1(k)

C'd = {c0(k)}
Y's = {y1(k)}
X'c = {x1(k),x2(k)}
X'd = {x1(k+1)}

x2(k) — c2(k) — y2(k)

C'd = {c0(k),c1(k),c2(k)}
Y'd = {y1(k),y2(k),x1(k),x2(k)}
X'c = {}
X'd = {x1(k+1),x2(k+1)}

RRAS 1 = {c0(k),c1(k),c2(k),c2(k+1),c3(k+1)}

FIGURE 6.3: Un parcours de recherche qui commence avec $c_0(k)$

2. RRAS$_2$={$c_0(k); c_1(k); c_3(k); c_2(k + 1); c_3(k + 1)$}

3. RRAS$_3$={$c_0(k); c_2(k); c_3(k); c_2(k + 1); c_3(k + 1)$}

4. RRAS$_4$={$c_1(k); c_2(k); c_3(k); c_3(k + 1)$}

Il est intéressant de noter que les quatre RRAS finales sont composées de contraintes exprimées seulement sur les deux instants : k et $k+1$. Cela peut nous mener à nous poser la question : pourquoi ces contraintes sont-elles sur seulement ces deux instants ? En fait, la réponse à cette question est que l'horizon h a été fixé à 1 et avec cette condition, tous les parcours qui mènent à utiliser les contraintes où les variables apparaissent aux instants plus grand que $k + h$ seront éliminées. Le choix de fixer l'horizon à 1 n'était pas un hasard et cela sera détaillé dans la section suivante.

6.2.5 Conclusion

Cette section a présenté comment notre approche traite un système dynamique dans le but de générer les RRAS utiles aux tests de cohérence entre les différentes informations capturées par le réseau de capteurs. Ensuite, ces RRAS vont passer à l'étape de pré-traitement avec la méthode Transformation-des-variables. Cela permet de rendre ces RRAS carrées en passant un maximum de variables connues dans la partie images des contraintes ou d'ajouter en plus des contraintes fictives. Finalement, les tests de cohérence seront réalisés avec la méthode Inversion-Ensembliste. La non satisfaction d'au moins un CSPI nous montrera que le système n'est pas en bon fonctionnement. Au contraire, si touts les CSPI sont satisfaits, on peut alors conclure qu'il n'y a pas d'anomalie dans le système. C'est pour cette raison que l'étape d'évaluation des RRAS n'est pas détaillé dans ce chapitre car elle est identique au cas statique. En revanche, il est nécessaire de valider la partie génération de RRAS dans un cas dynamique. Pour la vérifier, nous avons choisi la méthode de l'espace de parité pour faire la comparaison des résultats obtenus.

6.3 Comparaison avec l'approche de l'espace de parité

6.3.1 Introduction

Cette partie nous permettra, en premier lieu, de valider les résultats trouvés avec notre approche structurelle. En deuxième lieu, cette partie nous permettra également d'expliquer notre raisonnement pour le choix de la taille de l'horizon h abordée dans la section précédente. Pour ce faire, nous allons tout d'abord appliquer la méthode de l'espace de parité à la résolution du même exemple défini par l'ensemble d'équations (6.3). Puis, les explications vont donner, au fur et à mesure, une compréhension complète sur l'ensemble de nos arguments.

6.3.2 Application de la méthode de l'espace de parité à la résolution de l'exemple

Reprenons les différentes étapes nécessaires ,expliquées dans la sous-section (2.3.3) du chapitre (2), qui conduisent à construire la matrice $\mathbf{C}_h$ suivante :

$$\mathbf{C}_h = \begin{bmatrix} \mathbf{C} \\ \mathbf{CA} \\ \mathbf{CA}^2 \\ ... \\ ... \\ ... \\ \mathbf{CA}^h \end{bmatrix} \tag{6.7}$$

puis à calculer la matrice de projection $\mathbf{W}$ vérifiant :

$$\mathbf{W} * \mathbf{C}_h = 0 \tag{6.8}$$

Sachant que le modèle de bon comportement est :

$$
\begin{aligned}
r_0(k) &: \quad x_1(k+1) - (0.99 * x_1(k) + 0.01 * x_2(k) + 0.1 * y_1(k)) = 0 \\
r_1(k) &: \quad x_2(k+1) - (0.89 * x_2(k) + 0.01 * x_1(k)) = 0 \\
r_2(k) &: \quad x_1(k) + x_2(k) - y_2(k) = 0 \\
r_3(k) &: \quad x_2(k) - y_3(k) = 0
\end{aligned} \tag{6.9}
$$

ce qui nous donne les différentes matrices comme suit :

$$\mathbf{A} = \begin{bmatrix} 0.99 & 0.01 \\ 0.01 & 0.89 \end{bmatrix} \text{ et } \mathbf{C} = \begin{bmatrix} 1 & 1 \\ 0 & 1 \end{bmatrix}$$

Ici, l'indice h de l'équation (6.7) est aussi l'horizon de temps nécessaire pour pouvoir générer les équations de parité ou les RRAS dans notre approche. En fait, le rôle de cette taille h a été expliquée dans la sous-section (2.3.3) du chapitre (2), ainsi que les conditions pour le choix de h qui consiste à déterminer l'horizon pour un système dynamique de sorte que :

— La taille maximale de l'horizon h est égale à n
— La taille de l'horizon h, que l'on peut dire "optimale", consiste à chercher une taille $0 < h \leq$ n qui respecte simultanément les deux conditions suivantes :
  — La matrice $\mathbf{C}_h$ ne doit pas être de plein rang.
  — rang($\mathbf{C}_h$) = n (si le système est observable)

Avec n le nombre de variables d'état du système. Une fois que la taille h est déterminée, le nombre de relations de parité qui sont linéairement indépendantes sont données par :

$$dim(\boldsymbol{p}) : Nombre\ De\ Ligne(\mathbf{C}_h) - rang(\mathbf{C}_h) \tag{6.10}$$

Cette équation (6.10) est un critère important parce qu'elle nous permet de connaitre le nombre d'équations de parité qui sont linéairement indépendantes et qui exploitent toutes les informations dans le système. En appliquant ces conditions pour le choix de la taille h ci-dessus, il suffit de prendre $h = 1$ pour pouvoir générer les équations de parité pour ce système (6.3) considéré car :

$$C_1 = \begin{bmatrix} \mathbf{C} \\ \mathbf{CA} \end{bmatrix} = \begin{bmatrix} 1 & 1 \\ 0 & 1 \\ 1 & 0.9 \\ 0.01 & 0.89 \end{bmatrix} \tag{6.11}$$

Le rang de cette matrice (6.11) est : rang($\mathbf{C}_1$) = 2 = n, c'est-à-dire la condition pour le choix de la taille h est satisfaite. De la matrice (6.11) et de l'équation (6.10), est déduit le nombre d'équations de parité : 4 - 2 = 2. De l'équation (6.8), on obtient :

$$\begin{bmatrix} w_0 & w_1 & w_2 & w_3 \end{bmatrix} * \begin{bmatrix} 1 & 1 \\ 0 & 1 \\ 1 & 0.9 \\ 0.01 & 0.89 \end{bmatrix} = 0 \tag{6.12}$$

Et les deux équations de poids de la matrice $\mathbf{W}$ sont :

$$w_0 + w_2 + 0.01 * w_3 = 0 \tag{6.13}$$
$$w_0 + w_1 + 0.9 * w_2 + 0.89 * w_3 = 0 \tag{6.14}$$

Tout d'abord, affectons la valeur 1 pour w_2 et 0 pour w_3 dans les deux équations (6.14) et (6.14). Puis la valeur 0 pour w_2 et 1 pour w_3 dans les deux mêmes équations pour trouver les poids des w_i servant à déterminer les deux équations de parité par la suite. Le premier cas nous donne la liste de poids w_i suivante :

$$w_0 = -1 \tag{6.15}$$
$$w_1 = 0.1$$
$$w_2 = 1$$
$$w_3 = 0$$

Et le deuxième cas nous donne la liste de poids w_i :

$$w_0 = -0.01 \qquad\qquad (6.16)$$
$$w_1 = -0.88$$
$$w_2 = 0$$
$$w_3 = 1$$

A partir de ces deux listes de poids w_i (6.15) et (6.16), les deux équations de parité linéairement indépendantes sont :

$$p_0 = -y_2(k) + 0.1 * y_3(k) + y_2(k+1) - 0.1 * y_1(k) \qquad (6.17)$$
$$p_1 = -0.01 * y_2(k) - 0.88 * y_3(k) + y_3(k+1) \qquad (6.18)$$

Afin de valider nos RRAS générées pour ce cas dynamique, il va falloir prouver qu'elles peuvent former ces deux équations de parité (6.17) et (6.18) que l'on a trouvé ci-dessus.

6.3.3 Comparaison entre les deux approches

La validation des résultats de notre approche structurelle par ceux de la méthode d'espace de parité est importante car elle permet non seulement de valider notre méthode mais elle permet également de mieux comprendre les avantages, ainsi que les inconvénients de notre méthode. Pour ce faire, il est nécessaire de constituer les équations de parité à partir des paquets de contraintes RRAS. Prenons d'abord la première $RRAS_1 = \{c_0(k); c_1(k); c_2(k); c_2(k+1); c_3(k+1)\}$:

$$r_0(k) \;:\; x_1(k+1) - (0.99 * x_1(k) + 0.01 * x_2(k) + \qquad (6.19)$$
$$0.1 * y_1(k)) = 0$$
$$r_1(k) \;:\; x_2(k+1) - (0.89 * x_2(k) + 0.01 * x_1(k)) = 0 \quad (6.20)$$
$$r_2(k) \;:\; x_1(k) + x_2(k) - y_2(k) = 0 \qquad (6.21)$$
$$r_2(k+1) \;:\; x_1(k+1) + x_2(k+1) - y_2(k+1) = 0 \qquad (6.22)$$
$$r_3(k+1) \;:\; x_2(k+1) - y_3(k+1) = 0 \qquad (6.23)$$

De (6.23) l'équation suivante est déduite :

$$x_2(k+1) = y_3(k+1) \qquad (6.24)$$

De (6.24) et de (6.22), on obtient :

$$x_1(k+1) = y_2(k+1) - y_3(k+1) \qquad (6.25)$$

De (6.21) :

$$x_1(k) = y_2(k) - x_2(k) \tag{6.26}$$

En appliquant les équations (6.25), (6.26) à l'équation (6.20) :

$$0.98 * x_2(k) = 0.99 * y_2(k) + 0.1 * y_1(k) + y_3(k+1) - y_2(k+1) \tag{6.27}$$

De (6.24),(6.26) à l'équation (6.20) :

$$-0.88 * x_2(k) = 0.01 * y_2(k) - y_3(k+1) \tag{6.28}$$

De (6.27) et (6.28), l'équation finale est :

$$p_1^{'} = -8810 * y_2(k) - 880 * y_1(k) + 1000 * y_3(k+1) + 8800 * y_2(k) \tag{6.29}$$

Ce processus est répété pour tous les paquets de contraintes ce qui nous donne la liste d'équations :

$$
\begin{aligned}
p_1^{'} &= -8810 * y_2(k) - 880 * y_1(k) + 1000 * y_3(k+1) &(6.30)\\
&\quad +8800 * y_2(k) \\
p_2^{'} &= -8810 * y_3(k) + 10000 * y_3(k+1) - 100 * y_2(k+1) &(6.31)\\
&\quad +10 * y_1(k) \\
p_3^{'} &= 0.99 * y_2(k) + y_3(k+1) + 0.1 * y_1(k) - 0.98 * y_3(k) &(6.32)\\
&\quad -y_2(k+1) \\
p_4^{'} &= -0.01 * y_2(k) - 0.88 * y_3(k) + y_3(k+1) &(6.33)
\end{aligned}
$$

A première vue, on peut constater que les résultats qui sont issus de la méthode des équations de parité sont différents par rapport à ceux de la méthode structurelle. Effectivement, la première équation de parité p_0 n'est pas retrouvée dans celles de nos RRAS générées. Seule l'équation (6.18) est bien identique à (6.33) . Par conséquent, il est possible de conclure trop rapidement que nos résultats ne sont pas corrects. Cependant, rappelons qu'il faut seulement deux équations de parité, qui sont linéairement indépendantes, pour exploiter toutes les informations du système considéré. A partir de ces deux équations de parité que l'on peut qualifier de "*relation de base*", on peut les combiner pour avoir une infinité d'autres équations de parité.

En combinant entre le p_0 de l'équation (6.14) et p_1 de l'équation (6.14) :

$$p_1 - p_0 = 0.99 * y_2(k) + y_3(k+1) + 0.1 * y_1(k) - 0.98 * y_3(k) - y_2(k+1) \tag{6.34}$$

On obtient donc l'équation p_3' de (6.33). Puis

$$p_1 * 10000 - p_0 * 100 = -8810 * y_3(k) + 10000 * y_3(k+1) \quad (6.35)$$
$$-100 * y_2(k+1) + 10 * y_1(k)$$

Dans ce cas, l'équation p_2' de (6.32) est bien retrouvée. Et finalement :

$$p_1 * 1000 + p_0 * 8800 = -8810 * y_2(k) - 880 * y_1(k) \quad (6.36)$$
$$+1000 * y_3(k+1) + 8800 * y_2(k)$$

L'équation p_1' de (6.31) est donc trouvée. On peut conclure que toutes les équations de parité (6.31), (6.32), (6.33), (6.33) formant à partir des RRAS générées sont des combinaisons des équations de parité p_0 et p_1 de base (6.17) et (6.18). Cela nous a permis de valider nos résultats et de conclure que nos RRAS exploitent toutes les informations du système pour faire le diagnostic. Une fois que les résultats sont validés, il est intéressant d'avoir une vue globale sur les avantages et les inconvénients de notre approche par rapport aux méthodes analytiques formelles comme celle d'espace de parité.

6.3.4 Inconvénients et Avantages de la méthode proposée

6.3.4.1 Inconvénients

L'un des inconvénients mineurs que l'on peut rencontrer est le nombre plus élevé de contraintes nécessaires pour la génération des RRAS tout en connaissant la taille de l'horizon utilisé qui pour les deux méthodes, notre approche et celle d'espace de parité, qui est la même ($h=1$ pour l'exemple précédent). Ce problème est lié à la manière dont on considère la matrice d'observation lors de la génération des équations de parité. Avec l'horizon $h = 1$ et selon l'équation (6.7), cette matrice est : $\begin{bmatrix} C \\ CA \end{bmatrix}$. Autrement dit, 6 contraintes différentes, dont 2 dans C et 4 dans CA), sont utilisées dans ce cas :

$$
\begin{array}{rcl}
r_0(k) & : & x_1(k+1) - (0.99 * x_1(k) + 0.01 * x_2(k) + 0.1 * y_1(k)) = 0 \\
r_1(k) & : & x_2(k+1) - (0.89 * x_2(k) + 0.01 * x_1(k)) = 0 \\
r_2(k) & : & x_1(k) + x_2(k) - y_2(k) = 0 \\
r_3(k) & : & x_1(k) + x_2(k) - y_2(k) = 0 \\
r_2(k+1) & : & x_1(k+1) + x_2(k+1) - y_2(k+1) = 0 \\
r_3(k+1) & : & x_2(k+1) - y_3(k+1) = 0
\end{array}
$$

Tandis qu'avec notre méthode structurelle, nous prenons en compte tout le paquet de contraintes à chaque pas de temps. Concrètement, avec l'horizon $h = 0$, on utilise que 4 contraintes $c_0(k)$, $c_1(k)$, $c_2(k)$, $c_3(k)$ et il n'y a un manque d'information pour générer les RRAS dans ce cas. C'est pour cette raison que notre horizon h doit être fixé à 1 permettant d'utiliser 8 contraintes $c_0(k)$, $c_1(k)$, $c_2(k)$, $c_3(k)$, $c_0(k + 1)$, $c_1(k + 1)$, $c_2(k + 1)$, $c_3(k + 1)$, différentes pour générer les RRAS. Cependant, les deux contraintes de plus : $c_0(k + 1)$, $c_1(k + 1)$ seront éliminées, au fur et à mesure, dans la génération des RRAS par l'algorithme proposé car elles contiennent justement des variables qui apparaissent aux instants supérieurs à $h = 1$: $x_1(k + 2)$, $x_2(k + 2)$. Au final, les RRAS seront constituées à partir des même contraintes par les deux méthodes.

Le deuxième inconvénient que l'on peut facilement constater est qu'on ne retrouver pas les même RRAS que les relations de parité. Il est nécessaire de combiner les paquets de contraintes RRAS pour retrouver les équations de parité de base, ce qui n'était pas le cas dans le chapitre(4) pour un système statique. Ce problème vient du fait que notre algorithme utilise une flèche orientée des contraintes de l'instant k vers les variables dynamiques de l'instant supérieur, ce qui transforme le graphe biparti en (Figure(6.4)) :

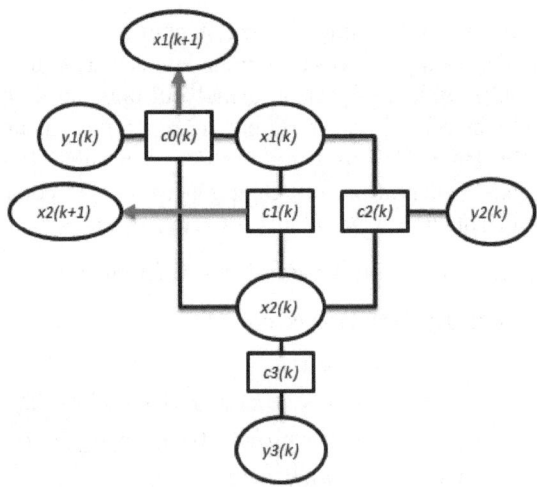

FIGURE 6.4: Représentation du système avec flèches orientées

Effectivement, les flèches rouges sont les liens entre les contraintes de l'instant courant et les variables dynamiques des instants supérieurs. De plus, en accord avec la définition (21), seules les contraintes de même instant que les variables peuvent être utilisées pour les substituer. Par conséquent, les parcours de recherche des RRAS n'ont pas la possibilité de prendre les contraintes des instants inférieurs pour expliquer les variables inconnues des instants supérieurs. Or la méthode d'espace de parité ne prend pas du tout cela en compte, elle ne différencie pas les variables dynamiques et les variables courantes. Cela est équivalent à dire qu'il n'y a pas de flèches orientées dans le graphe et que l'on peut utiliser des contraintes de n'importe quel instant pour substituer les variables inconnues. C'est pour cette raison que notre méthode ne peut pas générer directement des résultats identiques à ceux de la méthode de l'espace de parité. Cependant, comme abordé précédemment, les équations de parité de base peuvent toujours être retrouvées en combinant les paquets de contraintes RRAS. Malgré cet inconvénient, le fait d'orienter les flèches apporte également des avantages à notre approche.

6.3.4.2 Avantages

Le premier avantage de l'orientation des flèches entre les contraintes de l'instant courant et les variables dynamiques nous permet de réduire considérablement la complexité algorithmique durant les parcours de recherche des RRAS. Effectivement, considérons dans un premier temps le cas statique, le nombre de possibilités pour expliquer une variable inconnue est le nombre de contraintes qui la relient. Supposons qu'il y a m variables inconnues à expliquer avec n contraintes. La complexité de notre algorithme, pour le cas statique, est classable dans la classe linéaire $O(n)$. Quand au cas dynamique, le fait d'empiler les contraintes sur un horizon h a augmenté considérablement la complexité de notre approche. C'est pour cette raison que notre algorithme de recherche peut être classé dans la classe polynomiale : $O(n^h)$. Cette complexité est raisonnable si $h \leq 4$, or s'il n'y a pas de flèches orientés, c'est-à-dire qu'une variable inconnue quelconque conduit à l'utilisation d'une contrainte de n'importe quel instant et c'est valable pour toutes les variables inconnues sur un horizon h, cela rendra la complexité de notre approche toujours dans la classe polynomiale : $O(n^{h*h})$ mais elle sera de la classe NP dès que $h \geq 2$.

Le deuxième avantage majeur de notre approche vient de sa nature. En effet, notre approche structurelle génère d'abord symboliquement les RRAS en prenant en compte seulement la structure du système.

Autrement-dit, les interconnexions analytiques entre les variables via les contraintes ne sont pas considérées. Bien que la génération symbolique des RRAS soit une simple condition nécessaire, elle devient suffisante pour résoudre les systèmes non-linéaires avec l'application de la méthode Inversion-Ensembliste. Par conséquent, notre approche permet de traiter le cas général des systèmes dynamiques quels que soient leur nature : linéaire ou non-linéaire ce qui n'est pas le cas pour la méthode d'espace de parité. Effectivement, toutes les étapes de résolutions par calculs matriciels dans le cadre de la méthode d'espace de parité, ne sont applicables qu'aux systèmes dynamiques linéaires. Toutes les matrices d'observations, d'états, ou de commandes ne peuvent pas être construites pour les systèmes dynamiques non-linéaires (en tout cas sans transformation importante du modèle initial).

A partir des explications du deuxième avantage, un point important est soulevé concernant le choix de la taille de l'horizon h. Les deux conditions abordées pour le choix de la taille h dans la sous-section (2.3.3) du chapitre(2) ne sont plus applicables pour les systèmes non-linéaires. C'est pour cette raison qu'il va falloir redéfinir cette taille h différemment en fonction de la nature du système :

1. **Système linéaire** : Il consiste à appliquer les deux conditions abordées dans la sous-section (2.3.3) du chapitre(2).

2. **Système non-linéaire** : Pour ce cas, le seul critère que l'on peut utiliser est que : si $h > n$, il n'y a plus d'information supplémentaire. Au contraire, il n'est pas possible de prendre une taille $h < n$ car on ne peut pas être sûr que toutes les informations seront exploitées. La taille h est donc fixée $= n$ dans notre approche pour les systèmes non-linéaires.

6.3.5 Conclusion

Cette section s'est intéressée à la comparaison entre les RRAS que l'on a générées via notre méthode structurelle et celle de l'espace de parité. Cette comparaison avait un double objectif dont le premier consiste à valider nos résultats qui seront utilisés par la suite pour les tests de cohérence sous forme des CSPI. Et le deuxième objectif consistait à montrer les différents avantages, ainsi que les inconvénients entre deux méthodes. Il est bien entendu qu'il existe des inconvénients dans notre méthode, mais ceux-ci restent quand même mineurs car ils n'influencent pas les résultats finaux. De plus, avec les avantages expliqués, notre méthode permet de traiter de manière générale un système dynamique qu'il soit linéaire ou non-linéaire avec la taille de l'horizon h fixée à l'avance.

6.4 Contributions

Via les trois chapitres présentés (4), (5),(6), nous avons présenté de manière complète une nouvelle méthode permettant d'effectuer la détection des défauts dans les systèmes statiques, ainsi que ceux dynamiques. Elle est composée de deux étapes principales dont :

— La première consiste à générer les différents paquets de contraintes RRAS qui seront utilisées pour les tests de cohérence

— La deuxième étape consiste à évaluer ces RRAS sous forme des CSPI afin de conclure sur l'état de fonctionnement du système.

A ce stade, notre méthode a répondu aux objectifs fixés abordés dans le chapitre d'introduction générale qui sont :

— extraire les relations valides à partir du modèle de bon comportement du système afin de prendre en compte l'évolution du système en éliminant les relations et des mesures invalides ayant pour but d'effectuer le diagnostic en ligne.

— construire, en utilisant une analyse symbolique basée sur la théorie des graphes, les relations de redondance analytique symbolique(RRAS) pour la détection des défauts dans le système.

— évaluer ces RRAS en utilisant le calcul par intervalle afin de prendre en compte les incertitudes présents dans les mesures.

Effectivement, les deux derniers points sont expliqués dans les trois chapitres (4), (5),(6) en se basant sur l'exemple académique. Quant au premier point, il est abordé indirectement de ce chapitre. En fait, la génération symbolique des RRAS nous permet non seulement de traiter les systèmes linéaires ou non-linéaire, mais elle permet également de faire ça en suivant l'évolution du système. En effet, les deux seuls éléments dont elle a besoin pour surveiller un système sont : le modèle de bon comportement pour la génération des RRAS et l'ensemble de supports des variables pour les tests de cohérence. Par conséquent, s'il y a des changements sur le modèle de bon comportement à n'importe quel instant $k+j$ tels que : un capteur tombé en panne, ce qui élimine toutes les contraintes faisant intervenir sa mesure, un ajout un nouveau capteur, donc d'une nouvelle contrainte..., notre méthode va prendre ces changements en compte et elle génèrera en ligne à nouveau les nouvelles RRAS pour pouvoir y appliquer les tests de cohérences. Il suffit simplement de mettre à jour l'ensemble de contraintes et de relancer l'algorithme de génération de RRAS. Il n'est pas nécessaire comme pour les méthodes analytiques d'avoir au préalable générés les RRA.

Chapitre 7

Génération de Relations de Redondance Analytique Symboliques dans le cas dynamique hybride

7.1 Introduction

Depuis ces dernières décennies, les systèmes dynamiques hybrides jouent un rôle important dans la vie des entreprises où ils attirent beaucoup l'attention et font l'objet de recherches. De nombreuses méthodes sont proposées pour la modélisation, la simulation, la détection et la localisation des défauts de ces systèmes [10, 55, 62]. La particularité de ces systèmes est qu'ils contiennent à la fois des variables dynamiques continues, qui évoluent au cours du temps, et des variables discrètes permettant aux systèmes d'auto-changer d'un mode de fonctionnement à un autre sans avoir besoin de l'intervention de l'homme. En effet, le comportement d'un système dynamique hybride peut être considéré comme une succession de différents modes soumis à certaines conditions. Chaque mode correspond à un système dynamique particulier et une condition qui permet de changer d'un mode à un autre. Cette condition porte sur une ou un ensemble de variables discrètes qui sont initialement définies. Dans ce chapitre, nous allons étendre notre méthode pour ce type de systèmes.

Dans ce chapitre, nous n'allons pas nous intéresser à valider les résultats obtenus (RRAS) comme dans les deux cas statique et dynamique précédents, mais nous allons traiter un exemple concret d'un bioprocédé dynamique hybride dans la deuxième section de ce chapitre.

7.2 Construction de relations de redondance analytique symboliques

7.2.1 Introduction

Cette première section est toujours réservée à la génération des RRAS en commençant par la reformulation d'un système dynamique hybride. A partir de cette reformulation et des différentes règles de substitution symbolique des variables, un nouvel algorithme sera présenté et suivi par un exemple illustratif. Afin de donner une meilleure compréhension, l'exemple académique du système à deux réservoirs sera conservé et étendu à notre nouvelle problématique.

7.2.2 Reformulation du problème dans un cas Hybride

Reprenons l'exemple précédent des deux bacs contenant des produits chimiques toxiques.

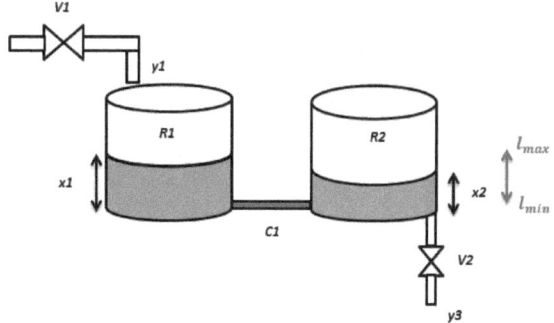

FIGURE 7.1: Exemple d'un système dynamique hybride

Pour simplifier l'étude, supposons que la vanne V_2 est constamment ouverte. Par contre la vanne V_1 est soit ouverte, soit fermée de manière tout ou rien. L'objectif de ce système dynamique hybride est de toujours maintenir le niveau de produit toxique dans le réservoir R_2 entre une hauteur l_{max} et une hauteur l_{min} comme présenté sur la figure(7.1).

Au départ, la vanne V_1 est ouverte durant la phase de remplissage de produit toxique (sachant que la vanne V_2 est toujours ouverte) jusqu'au moment où le niveau de produit chimique dans R_2 atteint la borne l_{max}. Puis la vanne V_1 sera fermée pendant la phase de vidage du réservoir R_2. Durant cette phase, le niveau de produit toxique dans le réservoir R_2 va donc diminuer. Ce niveau descend jusqu'au moment où il atteint la valeur l_{min}. Une fois que ce niveau minimal est atteint, la vanne V_1 sera alors ouverte à nouveau et ainsi de suite.

Avec cette description, on peut remarquer qu'il y a deux phases distinctes. La première phase consiste à remplir de produit toxique les deux réservoirs et la deuxième phase permet d'évacuer ces produits dans les deux bacs. La décision de passer d'une phase à une autre dépend du niveau de produit dans le réservoir R_2. Effectivement, respecter les niveaux l_{max} et l_{min} consiste à respecter deux contraintes discrètes qui assurent la commutation entre ces différentes phases. Ces contraintes discrètes qui interviennent dans le cas dynamique hybride seront regroupées dans un ensemble noté $\boldsymbol{CD} = \{d_1, d_2\}$ qui désignent respectivement l_{max} et l_{min}. On peut constater également que ce système dynamique hybride est décrit par deux modèles dynamiques différents correspondant aux deux phases.
Le modèle de bon comportement pour la phase de remplissage est donné par :

$$
\begin{aligned}
r_0(k) & : \quad x_1(k+1) - (0.99 * x_1(k) + 0.01 * x_2(k) + 0.1 * y_1(k)) = 0 \\
r_1(k) & : \quad x_2(k+1) - (0.89 * x_2(k) + 0.01 * x_1(k)) = 0 \\
r_2(k) & : \quad x_1(k) + x_2(k) - y_2(k) = 0 \\
r_3(k) & : \quad x_2(k) - y_3(k) = 0
\end{aligned}
\tag{7.1}
$$

Avec $\boldsymbol{C} = \{c_0(k), c_1(k), c_2(k), c_3(k)\}$, $\boldsymbol{V} = \{\boldsymbol{X} \cup \boldsymbol{Y}\}$ avec $\boldsymbol{X} = \{x_1(k), x_2(k),$
$x_1(k+1), x_2(k+1)\}$ et $\boldsymbol{Y} = \{y_1(k), y_2(k), y_3(k)\}$.

Le modèle de bon comportement pour la phase de vidage est :

$$
\begin{aligned}
r_0(k) & : \quad x_1(k+1) - (0.99 * x_1(k) + 0.01 * x_2(k)) = 0 \\
r_1(k) & : \quad x_2(k+1) - (0.89 * x_2(k) + 0.01 * x_1(k)) = 0 \\
r_2(k) & : \quad x_1(k) + x_2(k) - y_2(k) = 0 \\
r_3(k) & : \quad x_2(k) - y_3(k) = 0
\end{aligned}
\tag{7.2}
$$

Où : $C = \{c_0(k), c_1(k), c_2(k), c_3(k)\}$, $V = \{ X \cup Y \}$ avec $X = \{x_1(k), x_2(k), x_1(k+1), x_2(k+1)\}$ et $Y = \{y_2(k), y_3(k)\}$.

Un système hybride peut passer d'un mode à un autre mode où chaque mode correspond un modèle dynamique C_d spécifique, similaire à celui présenté précédemment dans le chapitre (6). Par conséquent, un système hybride que l'on note C_h est modélisé partiellement par un ensemble de paquets de contraintes C_{d_i}, chacun de ces paquets définissant un mode, que l'on note m_i, de bon fonctionnement donné.

$$C_h = \{ C_{d_0}, C_{d_1}, ..., C_{d_n} \} \qquad (7.3)$$

Ensuite, il est nécessaire de pouvoir modéliser la commutation entre les modes, ainsi que la liaison entre ces différents modes. Une commutation du mode m_i au mode m_j est effectuée si et seulement si un certain nombre de contraintes discrètes sont satisfaites. Par exemple la vanne V_1 est en état fermé lorsque le niveau des produits toxiques dans le réservoir R_2 atteint la borne l_{max}. A cet instant, le système va passer du mode remplissage au mode vidage. C'est pour cette raison que l'équation (7.3) doit être complétée par un ensemble de contraintes discrètes CD permettant de décrire les conditions de commutation, ce qui nous donne :

$$C_h = \{\{ C_{d_0}, C_{d_1}, ..., C_{d_n} \}, CD\} \qquad (7.4)$$

Cependant, l'un des problèmes majeurs que l'on rencontre lors de la surveillance d'un système dynamique hybride est l'identification du mode courant à un instant donné. Effectivement, si on ne possède pas cette information, la surveillance d'un système ne pourrait pas être effectuée car on ne peux pas savoir à partir de quel modèle dynamique il faut générer les RRAS à un instant donné. La méthode la plus courante actuellement que l'on trouve dans la plupart des travaux pour pouvoir identifier le mode courant du système est la simulation dynamique. Ce problème fait aussi l'objet de nombreuses méthodes que l'on peut citer [5, 17, 61]. Cependant, dans le cadre de notre approche, nous ferons l'hypothèse qu'à chaque instant, nous possédons suffisamment d'informations qui permettent de savoir dans quel mode on se situe. Notons S_h une séquence indiquant les modes correspondants à chaque instant avec :

$$S_h = \{s(k), s(k+1), ..., s(k+m)\} \qquad (7.5)$$

Avec par exemple $s(k)$ qui indique le i^{ime} modèle (C_{d_i}) correspondant à l'instant k. Pour ainsi dire, l'ensemble S_h peut être réécrit sous la forme :

$$S_h = \{1(k), 2(k+1), 1(k+2), ..., 3(k+n), ..., n(k+m)\} \quad (7.6)$$

Avec cette séquence, l'information que l'on peut retirer est qu'à l'instant k, le système est sur le deuxième mode (l'indice des modes démarre à 0) et à l'instant $k+1$, le système est sur le troisième mode et ainsi de suite. Cette hypothèse permet d'éviter de prendre en compte l'ensemble des contraintes discrètes car les changements entre les différents modes sont déjà représentés par la séquence S_h.

De l'équation (7.6) et de l'équation(7.4), un système hybride est finalement modélisé par :

$$C_h = \{\{C_{d_0}, C_{d_1}, ..., C_{d_n}\}, S_h\} \quad (7.7)$$

Avec

$$C_{d_i} = \{c_0(k), c_1(k), c_2(k), ..., c_n(k), c_0(k+1), c_1(k+1), ..., c_n(k+m)\} \quad (7.8)$$

Et

$$c_i(k+j) = \{r_i(k+j), V_i(k+j), D_i(k+j)\} \quad (7.9)$$

Ces deux équations (7.8) et (7.9) sont identiques au cas dynamique du chapitre (6). Et la représentation graphique de ce système est donnée comme suit (Figure(7.2)) :

Cette représentation graphique décrit parfaitement l'exemple du système avec les deux modes qui sont présentés par les ensembles des équations (7.1) et (7.2). Chaque cercle contient un graphe biparti qui représente un mode sous la forme d'un système dynamique et la commutation entre les modes est représentée par les deux flèches.

En se basant sur cette reformulation d'un système dynamique hybride, on peut passer au coeur du chapitre qui consiste à présenter notre approche permettant de générer les RRAS.

7.2.3 Algorithme

A première vue, cette représentation graphique ne ressemble pas du tout aux deux derniers cas statique et dynamique. Cela signifie qu'il

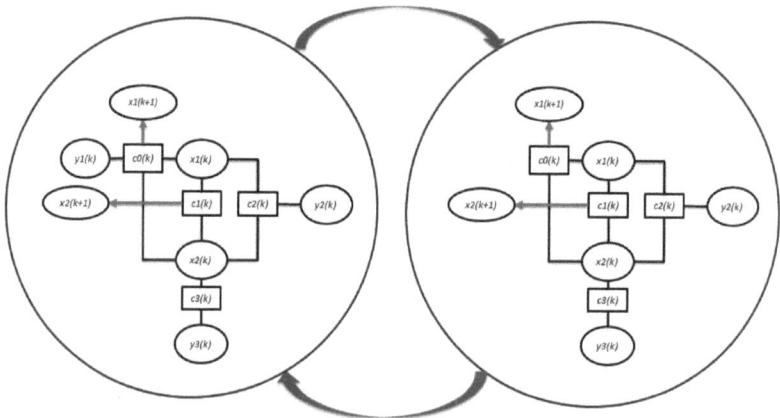

FIGURE 7.2: Représentation graphique de l'exemple hybride avec les deux modes

est possible de ne pas pouvoir appliquer notre méthode à la détection des défauts au sein de ce type de systèmes. La différence majeure entre un système hybride et un système dynamique est qu'un système dynamique est une configuration possible d'un système hybride. De plus, le point important à noter est que notre méthode est capable de prendre en compte tous les changements au niveau des modèles et des supports des variables. C'est pour cette raison que l'on peut considérer qu'une commutation n'est rien d'autre qu'un changement de modèle et de variables.

Une RRAS est établie lorsque toutes les variables inconnues sont substituées. Si les informations qu'on possède sur un pas de temps ne permettent pas la substitution, il va falloir qu'on empile les informations mesurées sur un horizon de temps h (Chapitre (6)). Bien qu'un système hybride puisse passer d'un mode à un autre aux différents instants, l'équation (7.7) nous permet toujours de savoir quel mode est actif à tout instant. Cela signifie également qu'on connait toujours l'ensemble de contraintes correspondant au mode courant. Avec tous ces éléments, notre méthode peut effectivement générer les RRAS car toutes les règles de substitutions symboliques des variables inconnues restent identiques au cas dynamique. Par conséquent, l'algorithme (6) présenté dans le chapitre(6) est partiellement applicable pour ce cas dynamique hybride. La partie qui le complète est la vérification du mode courant à chaque pas de temps afin d'assurer qu'on utilise le bon ensemble de contraintes.

Pour un parcours, nous commençons toujours par expliquer les variables inconnues de l'instant courant que l'on note $\boldsymbol{X}'_c$. Puis la substitution symbolique de ces variables inconnues par les nouvelles contraintes reste la même que pour le cas dynamique précédent (Chapitre (6)). Cependant, il y a un point important qui diffère, lorsque l'ensemble de variables $\boldsymbol{X}'_c$ est tout expliqué, alors il faut se référencer à la séquence S_h pour savoir quel est l'ensemble de contraintes qui appartient au mode de l'instant suivant, et c'est cet ensemble de contrainte-là qui va être pris en compte pour continuer les parcours.

Focalisons nous maintenant sur le choix de la taille de l'horizon nécessaire pour la génération des RRAS. Comme présenté dans la partie (2.3.3 du chapitre (2)) et le chapitre (6), on peut effectivement calculer la taille de l'horizon à l'avance. Cependant, cette taille h est valide seulement pour un système dynamique donné. Or un système dynamique hybride est une combinaison de plusieurs systèmes dynamiques (mode). De plus, ces modes peuvent être totalement différents les uns et les autres ce qui signifient que le nombre de variables d'état à expliquer sur chaque mode peut être différent. Ce qui veut dire également qu'il y a des modes contenant plus de variables d'état, ou des variables différentes sans oublier que la séquence change au cours du temps.

Un autre point à noter est que lorsqu'il n'y a pas de changement de mode sur une séquence assez longue, la taille de l'horizon h sera constante car elle est toujours valable pour le mode de cette séquence-là. Ceci peut facilement être illustré par la phase de remplissage de produit toxique dans les réservoirs en supposant que cela dure plus que deux pas de temps. Dans ce cas, cette phase correspond au cas dynamique que l'on avait traité dans le chapitre précédent (Chapitre 6). C'est pour ces raisons que l'on va se focaliser seulement sur les moments de commutation entre les différents modes et nous fixons toujours la taille h pour chaque mode égale au nombre de variables d'état de l'instant initial.

Supposons maintenant qu'il y ait une commutation entre un mode m_i où $\mathbf{A}_{d_i}$ est l'ensemble des variables d'état initial de ce mode et n_i le nombre de variables d'état, vers un mode m_j avec un autre ensemble de variables d'état $\mathbf{A}_{d_j}$ et n_j le nombre de ces variables. Tous les cas possibles sont :

1. Commutation de m_i à m_j et $\mathbf{A}_{d_j}$ - $\mathbf{A}_{d_i} = \mathbf{A}'_j$ tel que $\mathbf{A}'_j = \{\emptyset\}$
2. Commutation de m_i à m_j et $\mathbf{A}_{d_j}$ - $\mathbf{A}_{d_i} = \mathbf{A}'_j$ tel que $\mathbf{A}'_j \neq \{\emptyset\}$

Pour le premier cas de figure, on peut constater qu'il n'y a pas de nouvelles variables d'état dans mode m_j $\mathbf{A}_{d_j}$ - $\mathbf{A}_{d_i} = \mathbf{A}'_j$ tel que $\mathbf{A}'_j = \{\emptyset\}$. Donc la taille h fixée pour le mode m_i est toujours valable dans le mode m_j. Quant au deuxième cas, il s'agit d'une commutation de m_i à m_j et $\mathbf{A}_{d_j}$ - $\mathbf{A}_{d_i} = \mathbf{A}'_j$ tel que $\mathbf{A}'_j \neq \{\emptyset\}$, c'est-à-dire qu'il y a des nouvelles variables d'état introduites dans le mode m_j. Dans ce cas, l'horizon h fixée nous rassure simplement de pouvoir expliquer toutes les variables d'état du mode m_i mais pas la totalité des variables d'état des deux mode m_i et m_j. De ce fait, afin de pouvoir déduire toutes les variables d'états, la taille de l'horizon h doit être dynamique et capable de donner un horizon suffisamment grand pour pouvoir les expliquer. Par conséquent, nous avons fixé la taille h est égale au nombre de variables d'état de l'union $\mathbf{A}_{d_i} \cup \mathbf{A}_{d_j}$ dès que le système bascule sur le mode m_j. On ne cherche pas à garantir qu'il est possible d'expliquer toutes les variables inconnues des différents modes pour surveiller tout le système lorsqu'il y a beaucoup de commutations successives, mais cette méthode nous permet d'avoir un ensemble de RRAS pour pouvoir tester une partie du modèle du système au lieu de ne rien tester pendant l'attente du à une augmentation de h.

Nous avons utilisé dans ce cas l'exemple d'une commutation d'un mode vers un autre afin d'illustrer notre raisonnement pour le choix de la taille de l'horizon dynamique que l'on note h_d. Et dans le cas général, cet horizon h_d devra être ajusté, au fur et à mesure, en fonction des modes qui seront pris en compte selon la séquence $\boldsymbol{S}_h$ donnée.

L'algorithme de génération des RRAS pour le cas dynamique hybride est composé de 3 parties :

1. Un algorithme principal (9) qui permet d'initialiser tous les ensembles nécessaires servant au démarrage des parcours de recherche des RRAS.

2. Une procédure (10) qui prend en charge la génération des RRAS où $\mathbf{A}_{d_k}$ désigne l'ensemble des variables d'état de l'instant initial du mode actif à l'instant k et $\mathrm{Card}(\mathbf{A}_{d_k})$ est le nombre de variables de l'ensemble $\mathbf{A}_{d_k}$.

3. Une procédure (11) qui permet de diviser l'ensemble des variables inconnues dynamiques $\boldsymbol{X}'_d$ en deux parties : $\{\boldsymbol{X}''_d \cup \boldsymbol{X}''_c\}$

Afin de mieux comprendre notre approche, un exemple illustratif sera présenté dans la partie suivante.

Algorithm 9 Algorithme de génération des RRAS pour le cas dynamique hybride

---

for each constraint c_j which contains at least one known variable
do
    Initialize $\boldsymbol{C}_h' = \{c_j\}$
    Initialize $\boldsymbol{Y}_h' = var_{me}(c_j)$
    Initialize $\boldsymbol{X}_c' = var_{inc}(c_j)$
    Initialize $\boldsymbol{X}_d' = var_{ind}(c_j)$
    Initialize $Liste_{RRAS} = \{\}$
    $Liste_{RRAS} = \text{Trouver-RRAS}(\boldsymbol{Y}_h', \boldsymbol{X}_c', \boldsymbol{X}_d', \boldsymbol{C}_h, \boldsymbol{C}_h', k, h_d) \cup Liste_{RRAS}$
end for

7.2.4 Exemple illustratif

Reprenons l'exemple de deux bacs contenant des produits toxiques pendant les deux phases remplissage et vidage. Pour mieux structurer ce cas académique, supposons qu'on ait les données suivantes :

— Deux systèmes dynamiques $\boldsymbol{C}_{d_0}$ et $\boldsymbol{C}_{d_1}$ qui représentent respectivement les deux modes : remplissage et vidage des produits toxiques dans les réservoirs R_1 et R_2

— Une séquence $\boldsymbol{S}_h$ de modes pour les instants allant de k à $k+6$. Elle est choisie lorsqu'il y a une commutation afin de montrer intégralement le fonctionnement de notre algorithme.
$\boldsymbol{S}_h = \{0(k), 1(k+1), 1(k+2), 1(k+3), 1(k+4), 1(k+5), 1(k+6)\}$ ce qui signifie qu'à l'instant initial, notre système dynamique hybride démarre avec le premier mode m_0 qui correspond au modèle dynamique $\boldsymbol{C}_{d_0}$, puis à l'instant suivant, il bascule sur le deuxième mode m_1 qui correspond au modèle dynamique $\boldsymbol{C}_{d_1}$ et ainsi de suite.

Notre but est toujours de générer les RRAS servant aux tests de cohérence entre les informations par la suite.

L'ensemble des contraintes qui contiennent au moins une variable mesurée est : $\{c_0(k), c_2(k), c_3(k)\}$. L'horizon h_d est donc initialisé à h_d = n = 2 car il y a deux variables d'état dans ce mode :$\{x_1, x_2\}$. L'algorithme va commencer avec la première contrainte $c_0(k)$, ce qui permet d'initialiser tous les ensembles comme suit :

1. $\boldsymbol{C}_h' = \{c_0(k)\}$
2. $\boldsymbol{Y}_h' = var_{me}(c_0) = \{y_1(k)\}$
3. $\boldsymbol{X}_c' = \boldsymbol{X}_c' \cup var_{inc}(c_0) = \{x_1(k), x_2(k)\}$

Procedure 10 Trouver-RRAS($Y'_h,X'_c,X'_d,C_h,C'_h,k,h_d$)
---
if X'_c et X'_d are {} **then**
    return RRAS = C'_h
else
    Initialize $Liste_{RRAS}$ = {}
    for each variable $x_i \in X'_c$ **do**
        for each constraint c_j which can explain x_i **do**
            if $\exists\ x_q \in c_j$ belongs to the instant greater than $k + h_d$ **then**
                return RRAS = {}
            else
                if $c_j \notin C'_h$ and c_j is at the same instant that x_i **then**
                    $C'_h = C'_h \cup \{c_j\}$
                    $Y'_h = Y'_h \cup \{x_i\} \cup var_{me}(cj)$
                    $X'_c = X'_c \cup var_{inc}(c_j)$ - $\{x_i\}$
                    $X'_d = X'_d \cup var_{ind}(c_j)$
                    if X'_c is {} and X'_d is not {} **then**
                        Select the right mode $C_d \in C_h$ relative to $k+1$
                        $k = k+1$
                        $h_d = h_d + \mathrm{Card}(\mathbf{A}_{d_{k+1}} - \mathbf{A}_{d_k})$
                        $h_d = h_d$-1
                        Extraction(X'_d, X'_c, k)
                    end if
                    RRAS = Trouver-RRAS($Y'_h,X'_c,X'_d,C_h,C'_h,k,h_d$) {Each obtained RRAS is added into the set of solutions $Liste_{RRAS}$}
                    $Liste_{RRAS} = Liste_{RRAS} \cup$ RRAS
                end if
            end if
        end for
    end for
end if
return $Liste_{RRAS}$
---

4. $X'_d = X'_d \cup var_{ind}(c_0) = \{x_1(k+1)\}$

En sélectionnant le premier mode m_0 pour démarrer le premier parcours de recherche, les quatre contraintes qui sont prises en compte sont :

Procedure 11 Extraction($\boldsymbol{X}'_d$, $\boldsymbol{X}'_c$, k)

  for each variable $x_i \in \boldsymbol{X}'_d$ **do**
    if instant of $x_i = k$ **then**
      $\boldsymbol{X}'_d = \boldsymbol{X}'_d - \{x_i\}$
      $\boldsymbol{X}'_c = \boldsymbol{X}'_c \cup x_i$
    end if
  end for

$$r_0(k) \ : \ x_1(k+2) - (0.99 * x_1(k) + 0.01 * x_2(k) + 0.1 * y_1(k)) = 0$$
$$r_1(k) \ : \ x_2(k+1) - (0.89 * x_2(k) + 0.01 * x_1(k)) = 0$$
$$r_2(k) \ : \ x_1(k) + x_2(k) - y_2(k) = 0$$
$$r_3(k) \ : \ x_2(k) - y_3(k) = 0$$

A ce stade, l'algorithme cherche à expliquer seulement les variables inconnues de l'instant courant k. Cette partie reste la même que pour l'exemple illustratif de la partie (6.2.4 du chapitre (6)) que l'on a traité dans le cas dynamique. Une fois que toutes les variables inconnues $\boldsymbol{X}'_c$ de l'instant k sont expliquées, les différents ensembles sont :

1. $\boldsymbol{C}'_h = \{c_0(k), c_1(k), c_2(k)\}$
2. $\boldsymbol{Y}'_h = \{y_1(k), y_2(k), x_1(k), x_2(k)\}$
3. $\boldsymbol{X}'_c = \{\}$
4. $\boldsymbol{X}'_d = \{x_1(k+1), x_2(k+1)\}$

Avant de passer à l'instant suivant $k+1$, l'algorithme va consulter d'abord la séquence $\boldsymbol{S}_h$ afin de savoir sur quel mode le système dynamique hybride va être. D'après $\boldsymbol{S}_h$, l'ensemble de contraintes que l'algorithme va prendre en considération appartient au mode m_1 :

$$r_0(k+1) \ : \ x_1(k+2) - (0.99 * x_1(k+1) + 0.01 * x_2(k+1)) = 0$$
$$r_1(k+1) \ : \ x_2(k+2) - (0.89 * x_2(k+1) + 0.01 * x_1(k+1)) = 0$$
$$r_2(k+1) \ : \ x_1(k+1) + x_2(k+1) - y_2(k+1) = 0$$
$$r_3(k+1) \ : \ x_2(k+1) - y_3(k+1) = 0$$

Cette commutation sur le deuxième mode nécessite de recalculer automatiquement la taille de l'horizon h_d. Mais dans ce cas, elle ne change pas parce que l'ensemble de variable d'état dans ce système $\boldsymbol{C}_{d_1}$ est le même que celui de $\boldsymbol{C}_{d_0}$. A noter qu'actuellement, nous somme à l'instant

$k + 1$ et l'instant maximal que l'on peut atteindre est aussi $k + 1$ car h_d = 1.

A ce niveau, l'algorithme va prendre $c_2(k + 1)$ pour continuer le parcours pour expliquer $x_1(k + 1)$, et les ensembles deviennent :

1. $C'_h = \{c_0(k), c_1(k), c_2(k), c_2(k + 1)\}$
2. $Y'_h = \{y_1(k), y_2(k), x_1(k), x_2(k), x_1(k + 1), y_2(k + 1)\}$
3. $X'_c = \{x_2(k + 1)\}$
4. $X'_d = \{\}$

Comme il reste la variable inconnue $x_2(k + 1)$, donc l'algorithme va continuer à choisir une contrainte $c_3(k + 1)$ pour expliquer $x_2(k + 1)$. Avec cette contrainte, les différents ensembles deviennent alors :

1. $C'_h = \{c_0(k), c_1(k), c_2(k), c_2(k + 1), c_3(k + 1)\}$
2. $Y'_h = \{y_1(k), y_2(k), x_1(k), x_2(k), x_1(k + 1), y_2(k + 1), y_3(k + 1)\}$
3. $X'_c = \{\}$
4. $X'_d = \{\}$

Ici, on peut constater que les deux ensembles X'_c et X'_d sont vides. Alors la première RRAS générée à l'issue de cet algorithme est : RRAS$_1$: $\{c_0(k), c_1(k), c_2(k),$ $c_2(k + 1), c_3(k + 1)\}$. Et la liste de toutes les RRAS générées au final est :

1. RRAS$_1$=$\{c_0(k), c_1(k), c_2(k), c_2(k + 1), c_3(k + 1)\}$
2. RRAS$_2$=$\{c_0(k), c_1(k), c_3(k), c_2(k + 1), c_3(k + 1)\}$
3. RRAS$_3$=$\{c_0(k), c_2(k), c_3(k), c_2(k + 1), c_3(k + 1)\}$
4. RRAS$_4$=$\{c_1(k), c_2(k), c_3(k), c_3(k + 1)\}$

A savoir que toutes les contraintes de l'instant k appartiennent au mode m_0 et toutes les contraintes de l'instant $k + 1$ appartiennent au mode m_1.

7.2.5 Conclusion

Cette section s'est focalisée sur la présentation de l'application de notre approche à la détection des défauts aux systèmes dynamique hybrides. Nous avons expliqué en détails le choix de notre taille de l'horizon, ainsi que l'algorithme pour générer les RRAS. Une fois qu'on obtient la liste des RRAS générées, les tests de cohérence seront ensuite réalisés pour détecter si le système est en fonctionnement anormal ou non. Ces tests restent identiques aux tests expliqués dans le chapitre (5) où les informations requises sont : les supports des variables connues et inconnues, ainsi que la liste de RRAS et la séquence S_h.

Depuis le chapitre (4), nous avons pris un exemple académique afin de présenter de manière détaillée notre méthode. Afin de montrer la capacité de détecter des défauts sur les systèmes réels, la section suivante présentera l'application de notre méthode sur un exemple concret de bioprocédé.

7.3 Application de la méthode à l'exemple d'un bioprocédé

7.3.1 Introduction

De manière générale, la modélisation d'un bioprocédé nécessite de représenter le comportement complexe du vivant et fait appel à un certain nombre de lois d'évolution des espèces généralement non-linéaires, comme les lois de Monod, d'Haldane [59] plus ou moins complexes en fonction du niveau de précision donné, mais de toute façon approchées. Cette complexité s'accompagne bien souvent d'un grand nombre de paramètres à déterminer. De plus, coexistent de nombreux phénomènes physiques perturbateurs (éclairement, température, PH,conditions expérimentales) qui influent sur le bioprocédé et qui, s'ils doivent être pris en compte, nécessitent l'utilisation de relations de comportement supplémentaires ou de jeux de paramètres de modèles différents en fonction des conditions opératoires. De ce fait, on aboutit à un modèle de structure complexe avec de toute façon de l'imprécision dans la modélisation et des difficultés lors de l'identification des paramètres à cause de problèmes de sensibilité de la solution et de surparamétrisation due à un nombre de données expérimentales limité [9]. Cette section reprend et poursuit les travaux développés dans [20] démontrant qu'il est possible de remplacer les relations mathématiques complexes utilisées pour décrire la cinétique de la réaction par une famille de modèles linéaires commutés afin de faciliter la surveillance d'un tel système complexe en ligne.

7.3.2 Présentation de l'exemple de la bioprocédé

Brièvement, un procédé manufacturier biochimique consiste en une ou plusieurs réactions mettant en jeu des bactéries utilisées pour synthétiser un produit désiré par dégradation d'un ou plusieurs substrats donnés dans un bioréacteur (ou fermenteur). A l'issue, le produit final est obtenu par séparation des différents constituants du milieu réactionnel (produit désiré, biomasse, substrat non consommé, produits de synthèse autres). Au début, les bactéries sont injectées dans le bioréacteur pour démarrer la réaction, dans des conditions pouvant être contraignantes pour éviter l'intrusion d'une espèce étrangère. Une alimentation continue en substrat peut être utilisée pour favoriser la croissance de la biomasse. Pour maintenir un volume du milieu réactionnel constant, un flux continu de produit est alors extrait du réacteur.

Un bioprocédé évoluant dans un réacteur supposé parfaitement agité peut être modélisé en écrivant les équations de bilan pour chaque constituant [6]. Considérons un bioréacteur en mode batch dont la biomasse de concentration X dégrade un substrat limitant de concentration S tout en générant un produit en quantité P. Ce bioprocédé est décrit par les trois équations algébro-différentielles comme suit :

$$r_0 \ : \ \frac{dX(t)}{dt} - \mu(S(t)) * X(t) = 0 \qquad (7.10)$$

$$r_1 \ : \ \frac{dS(t)}{dt} + \frac{1}{Y_{xs}}\mu(S(t)) * X(t) = 0 \qquad (7.11)$$

$$r_2 \ : \ \frac{dP(t)}{dt} - (\frac{1}{Y_{xp}} * \mu(S(t)) + \beta) * X(t) = 0 \qquad (7.12)$$

Ces trois équations (7.10), (7.11) et (7.12) représentent respectivement le rapport entre la variable de biomasse produite X et la variation de substrat consommé S, le taux spécifique de croissance en biomasse μ dépendant de la concentration en substrat S, et finalement la variation de quantité de produit générée P. En notant T_e la période d'échantillonnage et k l'indexe de l'échantillon, la discrétisation du modèle continu

131

(7.10 - 7.12) conduit à la représentation d'état suivante :

$$r_0 \; : \; X(k)(1 + T_e * \mu(k)) - X(k+1) = 0 \tag{7.13}$$

$$r_1 \; : \; S(k) - \frac{T_e}{Y_{xs}} * \mu(k) * X(k)) - S(k+1) = 0 \tag{7.14}$$

$$r_2 \; : \; P(k) + T_e * (\frac{\mu(k)}{Y_{xp}} + \beta) * X(k) - P(k+1) = 0 \tag{7.15}$$

$$\tag{7.16}$$

à laquelle viennent s'ajouter les équations de mesures

$$r_3 \; : \; S(k) - Y_1(k) = 0 \tag{7.17}$$

$$r_4 \; : \; P(k) - Y_2(k) = 0 \tag{7.18}$$

Avec $C_d = \{c_0, c_1, c_2, c_3, c_4\}$, $Y = \{Y_1, \; Y_2\}$ et $X = \{X, S, \; P\}$. Les paramètres Y_{xs}, Y_{xp} et β sont constants et connus. Afin d'avoir plus de détails sur la transformation des équations algébro-différentielles aux équations discrètes ci-dessus, veuillez consulter [20, 3]. En fait, choisir une loi décrivant la cinétique de la réaction, à savoir l'évolution du taux de croissance, à partir de données expérimentales souvent très bruitées, est une réelle difficulté. Le parti pris dans ces conditions est de retenir la structure la plus simple possible permettant de représenter correctement les données. Ainsi dans ce qui suit, le taux spécifique de croissance $\mu(k)$ est modélisé en tant que paramètre incertain, c'est-à-dire par un intervalle (supposé invariant et unique pour chaque mode m_i donné). L'idée principale est de diviser l'espace d'état en plusieurs sous domaines permettant de définir chacun un mode de fonctionnement sur lequel le paramètre $\mu(k)$ sera défini par un support spécifique. Plus concrètement, le support initial $[\mu]$ est divisé en plusieurs intervalles plus petits $[\mu]^i$ dont l'union couvre $[\mu]$. Chaque mode est caractérisé par un support intervalle $[S]^i$ approprié de la concentration en substrat S définissant son domaine de validité. Le i^{me} mode devient actif lorsque la variable S appartient au i^{me} domaine de validité $[S]^i$, auquel cas le support de $\mu(k)$ est donné par $[\mu]^i$. Pour une évaluation future correcte de ce modèle, toutes les valeurs possibles de S doivent appartenir à l'union des domaines de validité (partition complète de l'espace d'état). L'utilisation d'une famille de modèles ensemblistes permet d'améliorer la précision obtenue grâce au partitionnement du régime opératoire en plusieurs modes, puisqu'à chaque mode correspond un modèle ensembliste propre et qui est défini par

$$r_0 \; : \; X(k)(1 + T_e * \mu(k)) - X(k+1) = 0 \tag{7.19}$$

$$r_1 \; : \; S(k) - \frac{T_e}{Y_{xs}} * \mu(k) * X(k)) - S(k+1) = 0 \tag{7.20}$$

$$r_2 \; : \; P(k) + T_e * (\frac{\mu(k)}{Y_{xp}} + \beta) * X(k) - P(k+1) = 0 \tag{7.21}$$

$$r_3 \; : \; S(k) - Y_1(k) = 0 \tag{7.22}$$

$$r_4 \; : \; P(k) - Y_2(k) = 0 \tag{7.23}$$

avec $\mu(k) \in [\mu]^i$, $S \in [S]^i$

Le principe est alors de commuter entre ces différents modèles en fonction du mode dans lequel le système se trouve à l'instant courant [3]. Ceci est représenté via la figure (7.3) suivante :

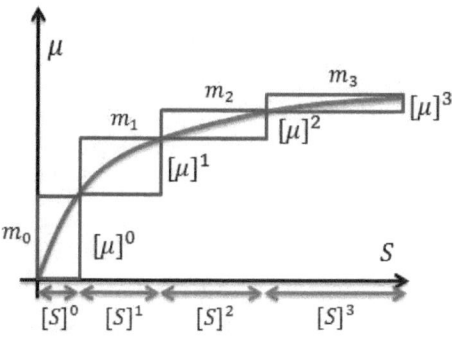

FIGURE 7.3: Division du support $[\mu]$ en fonction du substrat et des différents modes

Pour cet exemple, nous ne possédons pas directement l'information concernant la séquence $\boldsymbol{S}_h$ des modes comme présentée dans la section (7.2) précédente. Elle est définie par la comparaison entre le support intervalle de la concentration en substrats mesurée par le capteur Y_1 et le domaine de validité $[S]^i$ pour chaque mode. Quant aux modes m_i, ils ont chacun le même modèle de bon comportement (7.19) mais avec des supports différents de valeurs pour les variables. Avant de passer à la génération des RRAS pour ce système, il est intéressant de détailler ce processus sachant que l'objectif final est toujours de faire la détection des défauts.

En fait, l'état du système est évalué à l'aide du modèle du mode opératoire courant, jusqu'à ce que le système passe dans un mode différent. Le passage dans un nouveau mode ne peut se produire qu'à un instant d'échantillonnage. Et la commutation du mode m_i au mode m_j est effectuée si la concentration en substrat appartient à un autre domaine de validité $[S]^{i'}$. Cependant, à cause de la nature ensembliste du modèle de concentration utilisé et des incertitudes sur les mesures, le support intervalle de la concentration de substrat $[S]$ déduit de $[Y]$ aux différents instants peut avoir des intersections non-vides avec plusieurs domaines de validité à la fois, ce qui veut dire qu'il est possible d'avoir plusieurs modes valides au même instant k. Ce problème engendra différentes possibilités pour passer d'un mode à un autre et il est illustré via l'exemple suivant.

Supposons qu'à l'instant k, le capteur Y_1 nous donne un support tel que $[Y_1] \subset [S]^0$ donc le mode courant est m_0. Puis à l'instant $k+1$, on a toujours $[Y_1] \subset [S]^0$ ce qui implique que le mode courant ne change pas. Ensuite, à l'instant $k+2$, le capteur Y_1 nous donne un support tel que $[Y_1] \cap [S]^0 \neq \{\emptyset\}$ et $[Y_1] \cap [S]^1 \neq \{\emptyset\}$. Dans ce cas, on ne sait pas s'il est dans le mode m_1 ou m_2. Par conséquent, il va falloir prendre en compte ces deux modes-là à l'instant $k+2$ et ce qui nous donne la figure suivante (7.4) :

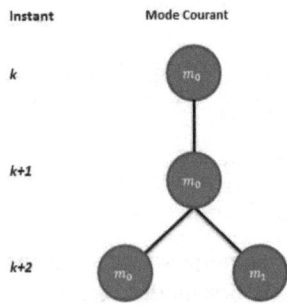

FIGURE 7.4: Exemple de séquences de modes

Avec cette figure (7.4), on peut remarquer que l'on peut avoir deux possibilités de séquences de modes dont la première est $\boldsymbol{S}_h$: $\{0(k), 0(k+1), 0(k+2)\}$ et la deuxième est : $\{0(k), 0(k+1), 1(k+2)\}$. Selon l'équation (7.7), il est donc possible de générer un ensemble de RRAS pour chaque séquence $\boldsymbol{S}_h$ donnée. Cela veut dire aussi que plus on a des instants où il y a plusieurs modes valides en même temps, plus on a des séquences différentes qui entraineront de nouveaux ensembles de RRAS. L'origine de ce problème vient des incertitudes de mesure pour le support de la concentration de substrat $[S]$ et il est explicable via la figure (7.5) suivante :

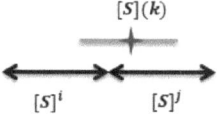

FIGURE 7.5: Exemple d'un chevauchement sur plusieurs domaines de validité

Supposons que la valeur réelle de $S(k)$ est le point bleu sur la figure (7.5). A cet instant, son support intervalle $[S](k)$ est en chevauchement avec deux domaines de validité $[S]^i$ et $[S]^j$ ce qui veut dire qu'à l'instant $k+1$, les deux modes m_i et m_j sont possibles. Or la valeur réelle de $S(k)$ appartient seulement au domaine $[S]^j$, donc la possibilité de continuer la séquence avec $[S]^i$ n'est donc pas valide. En conséquence, la détection de défaut pour ce système est composé d'un double objectif :
— Éliminer les fausses séquences
— Détecter des défauts
Effectivement, il est crucial de distinguer ces deux points parce qu'en accord avec la remarque (6), il suffit d'avoir un CSPI non satisfait pour conclure que le système n'est pas en fonctionnement normal. Cependant, cette remarque est valide seulement pour les systèmes qui n'ont pas une multitude de séquences possibles comme dans ce cas. Et les règles pour la détection des défauts pour ce système sont donc :
— Une séquence est à éliminer s'il y a au moins un CSPI de l'ensemble de RRAS généré avec cette séquence qui n'est pas satisfait.
— Le système n'est pas en fonctionnement normal si toutes les séquences sont éliminées.
Avec ces règles, passons maintenant à la présentation des résultats obtenus.

7.3.3 Résultats

Les différentes valeurs sont initialisées comme suit :
— Les paramètres : $Y_{xs} = 0.07$, $Y_{xp} = 0.01$ et $\beta = 10$.
— Les valeurs initiales des variables : $[X](0) = [0.01235, 0.01365]$g/l, $[S](0) = [3.9805, 4.3995]$g/l et $[P](0) = [0,0]$ ml

Nous avons divisé le taux de concentration de substrat S en 4 intervalles $[S] = \{[S]^0, [S]^1, [S]^2, [S]^3\}$, tel que l'union de ces 4 intervalles couvre $[S]$, ce qui correspondent à 4 modes différents $\{m_0, m_1, m_2, m_3\}$. Ces intervalles sont :

1. $[S]^3 = [2.80001, 4.4]$
2. $[S]^2 = [1.80001, 2.8]$
3. $[S]^1 = [1.20001, 1.8]$
4. $[S]^0 = [0, 1.2]$

Un prélèvement toutes les heures, pendant 50 heures, nous donne les deux valeurs de Y_1 et Y_2 ce qui correspond respectivement à la concentration de substrat S et la quantité de produit P. Ces valeurs sont toujours bornées avec un intervalle $\pm 5\%$ afin de prendre en compte les éventuelles incertitudes. En appliquant le même algorithme de génération des RRAS pour le cas dynamique hybride en prenant en compte les différentes séquences et les mêmes étapes pour les tests de cohérences avec la précision $= 0.07$ (cette précision est aussi la condition d'arrêt pour ne pas découper les boites d'approximation extérieure de manière plus fine), on obtient à la fin 16 séquences possibles (Figure(7.6)) :

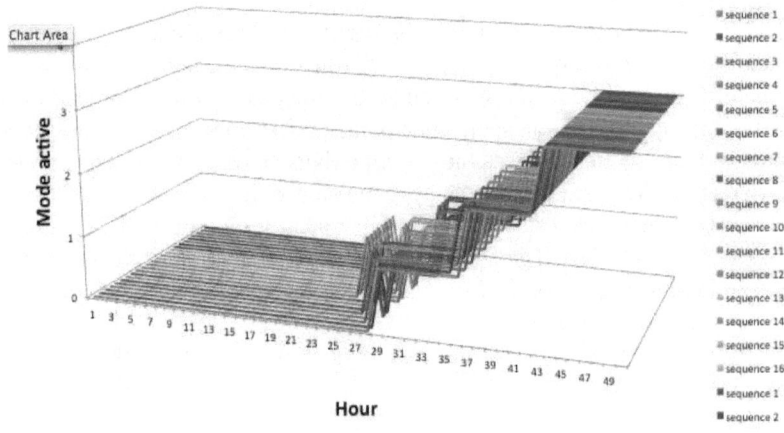

FIGURE 7.6: Résultats obtenus avec la précision pour les tests de cohérence $= 0.07$

Avec ces résultats, on peut conclure que le système n'est pas en fonctionnement anormal. Afin d'augmenter la précision dans les résultats, prenons la précision pour les tests de cohérence $= 0.05$ ce qui nous donne la figure(7.7) :

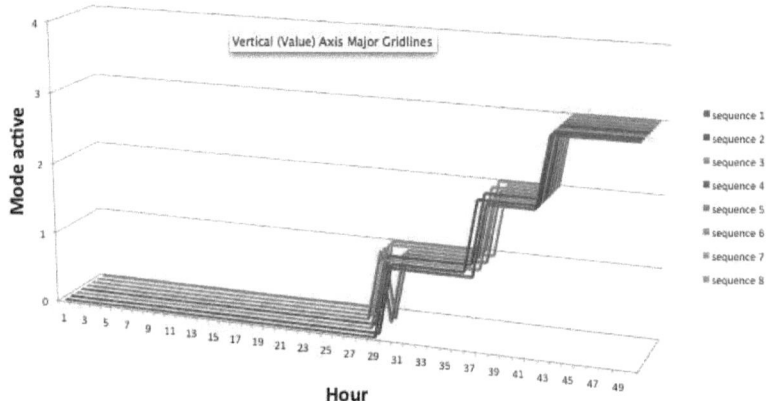

FIGURE 7.7: Résultats obtenus avec la précision pour les tests de cohérence = 0.05

En diminuant la précision pour les tests de cohérence à 0.05, on obtient des résultats plus fins permettant d'avoir une réduction du nombre de séquences possibles. Cependant, cela entrainera une complexité plus élevée car le nombre de boites à traiter lors de l'étape de bissection sera augmenté.

Supposons que le capteur Y_1 qui mesure la concentration de substrat S soit en panne et qu'il nous renvoie le support [1,1.2] au lieu [3.7064,4.0966] à l'instant $k = 13$. Alors le programme détecte dans ce cas qu'il y a un problème dans le système à l'instant 11 (le moment où il faut utiliser les mesures de k+1 et k+2 pour les tests de cohérence) et il va s'arrêter car la liste des séquences possibles est vide.

7.3.4 Conclusion

Cette section a présenté l'application de notre méthode structurelle à un exemple de bioprocédé en ligne. Elle permet de prendre en compte les différentes sources d'incertitudes pouvant influencer le système. Elle permet également d'expliquer les raisonnements servant à différencier les séquences non-valides à cause des calculs par intervalle et un réel problème dans le système. Les résultats obtenus nous montrent que plus on diminue la précision des tests de cohérence à un seuil faible, mieux on réduit le nombre de séquences possibles. Cependant, on va augmenter également le nombre de boites à traiter parce que le seuil est petit ce qui entraine aussi un temps de calculs plus élevé.

Chapitre 8

Conclusion générale et perspectives

Les travaux présentés à travers de ce mémoire ont eu pour but de présenter une nouvelle approche consistant à effectuer la détection et dans une moindre mesure la localisation de défauts des systèmes physiques en contexte incertain. Afin de présenter le bilan de ce mémoire, nous allons le diviser en deux parties dont la première porte sur l'aspect de détection et localisation de défauts et la deuxième sur la prise en compte des différentes sources d'incertitudes.

Détection et localisation des défauts :

Les différentes méthodes existantes sont étudiées dans la partie bibliographique afin d'appréhender les principes, ainsi que de trouver la manière adéquate pour représenter le bon comportement du système surveillé. L'approche structurelle a été choisie grâce à sa simplicité de mise en oeuvre et son efficacité pour effectuer le diagnostic en ligne sur les systèmes dynamiques. Trois nouveaux algorithmes fondés sur cette approche sont introduits et servent à effectuer de le diagnostic de défaut sur trois types de systèmes différents : les systèmes statiques, les systèmes dynamiques et les systèmes dynamiques hybrides via les chapitres (4), (6) et (7). Une nouvelle notion a été également introduite lors de ces chapitres : la notion de Relation de Redondance Analytique Symbolique (RRAS). Cette notion est aussi le coeur de notre méthode qui consiste à éliminer les différentes variables inconnues de manière symbolique dans le but de construire les Relations de Redondance Analytiques dédiées aux tests de cohérence entre les informations mesurées. Cette façon de voir les choses nous permet de répondre au double objectif initial :

— extraire les relations valides à partir du modèle de bon comportement d'un système afin de prendre en compte l'évolution du système en éliminant les relations et des mesures invalides ayant pour but d'effectuer le diagnostic en ligne.

— construire, en utilisant une analyse symbolique couplée avec la théorie des graphes, les relations de redondance analytique symboliques (RRAS) pour la détection des défauts dans le système.

En effet, les RRA ne sont plus établies a priori et figées, mais reconstitués en ligne en fonction de l'ajout, de la suppression, de la modification des contraintes modélisant le bon comportement du système. En se basant sur l'approche structurelle et notre méthode symbolique, nous évitons les problèmes d'isolabilité (calculabilité) des variables dans les différentes contraintes en générant les RRAS sous forme des paquets de contraintes sans en construire les expressions formelles. Cette stratégie permet de traiter une classe de modèles beaucoup plus large, notamment à base de relations non-linéaire. L'évaluation de ces paquets de contraintes est ensuite traitée comme un Problème de Satisfaction de Contraintes (CSP) qui permet d'automatiser intégralement notre processus de diagnostic. Un CSP est satisfait lorsqu'on peut prouver de l'existence d'au moins une solution. Cependant, cette étape d'évaluation des CSP dépend fortement de la qualité des informations que l'on possède et c'est le deuxième aspect traité dans ce manuscrit.

Prise en compte des incertitudes :

Il existe de nombreuses sources d'incertitudes qui peuvent intervenir sur le modèle et qui posent de nombreux problèmes pour la détection et la localisation des défauts. Certaines de ces incertitudes découlent de facteurs qui sont intrinsèquement aléatoires, d'autre raisons proviennent du manque de connaissance (ou épistémique) ou bien de l'imprécision des équipements. Ces sources d'incertitude influencent directement les résultats issus des analyses et peuvent conduire à de mauvaises interprétations sur le comportement du système. C'est pour cette raison que l'approche ensembliste a été employée pour résoudre cet aspect. Des notions fondamentales, ainsi que des méthodes de résolution sont présentées dans le chapitre (3). Tandis que dans le chapitre (5), une présentation intégrale sur l'application de ces méthodes à la prise en compte des différentes sources d'incertitudes et l'évaluation des tests de cohérence a été présentée. Deux familles de méthodes de résolution ont été abordées dont la première porte sur les méthodes du type de bissection qui sont des algorithmes récursifs consistant à découper tout l'espace de recherche en petits morceaux pour chercher toutes les solutions sans en perdre aucune. Cependant, la complexité de cette famille d'algorithmes est alors exponentielle limitant l'utilisation de cette approche à des problèmes de petite dimension. La deuxième famille de méthodes du type réduction comme celle de Newton par intervalle sont des algorithmes qui consistent à remplacer l'espace de recherche initial par un plus petit. Leur complexité est beaucoup moins élevée mais elles ne nous garantissent pas que le pavé sera effectivement réduit. C'est pour ces raisons que le bon compromis pour prouver de l'existence ou non de solutions pour les CSPI est de combiner ces deux méthodes. Cette combinaison est la base de notre méthode Inversion-Ensembliste qui résout le dernier point à traiter dans le cadre de ces travaux :

— Évaluer ces RRAS en utilisant le calcul par intervalle, afin de prendre en compte les incertitudes présents dans les mesures, lors des tests de cohérence.

L'outil intervalle nous permet donc dans un premier temps de modéliser les incertitudes de modèles, et dans un second temps de résoudre les CSPI générés lors de la génération des RRAS.

Au terme de ces travaux, plusieurs axes de recherche sont envisageables pour prolonger l'étude menée pendant ces trois ans.

— Le premier point d'amélioration que l'on peut apporter pour notre méthode vient de la nature de l'approche structurelle : elle génère un sur-plus de RRAS qui n'apportent pas d'informations complémentaires sur l'état de fonctionnement du système, ce qui entraine un temps de calcul supplémentaire. Il est donc préférable d'éliminer ces RRAS à posteriori avant de passer à l'étape d'évaluation.

— La notion de l'horizon temporel et la détermination de sa taille a un rôle primordial pour la génération des RRAS dans les cas dynamiques, ce qui fait l'objet de la sous-section (3.3) du chapitre (2) qui présente notre choix de l'horizon h. Cependant, ce point nécessite une étude plus approfondie pour la détermination de h de manière plus affinée pour les cas dynamiques hybrides où la commutation entre différents modes entraine le changement de l'ensemble des variables d'état à expliquer du système au cours du temps. Effectivement, plus la taille h est grande, plus le nombre de RRAS généré est grand et donc plus les informations concernant le comportement du système sont exploitées. Cependant, cela entrainera également un temps de calculs plus élevé lors de la génération des RRAS et la nécessité d'attendre des mesures supplémentaires sans prendre de décision le temps durant. Inversement, si la taille est trop faible, on risque de ne pas surveiller l'intégralité du système et des problèmes de non-détections peuvent apparaitre.

— Dans le cadre de ces travaux, nous avons pris en compte différentes sources d'incertitude que peuvent survenir sur les variables mesurées. Il est aussi possible de considérer des incertitudes sur les paramètres du modèle et de les prendre en compte dans l'étape d'évaluation des RRAS grâce à la méthode d'Inversion-Ensembliste utilisée.

Bibliographie

[1] O. Adrot, D.Maquin, and J.Ragot. Estimation d'état généralisé sur horizon glissant. In *Troisième Conférence Internationale sur l'Automatisation Industrielle, Montréal, Canada*, 1999.

[2] O. Adrot and J.M. Flaus. Guaranteed fault detection based on interval constraint satisfaction problem. In *Control and Fault-Tolerant Systems (SysTol),2010 Conference on*, pages 708–713, 2010.

[3] O. Adrot, J.M. Flaus, and J.P. Magnin. Estimation d'état de bio-procédés par un observateur linéaire commuté ensembliste. *Journal Européen des Systèmes Automatisés*, 44(4-5) :509–524, May 2009.

[4] Krzysztof R. Apt. *Principles of constraint programming*. Cambridge University Press, 2003.

[5] P. I. Barton and C. C. Pantelides. Modeling of combined discrete/continuous processes. *AIChE Journal*, 40(6) :966–979, June 1994.

[6] G. Bastin and D. Dochain. *On-line estimation and adaptive control of bioreactors*. Process measurement and control. Elsevier, 1990.

[7] Mogens Blanke. *Diagnosis and fault-tolerant control*. Springer, 2003.

[8] Mogens Blanke, Michel Kinnaert, Jochen Schröder, and Jan Lunze. *Diagnosis and fault-tolerant control*. Springer, 2006.

[9] L. Boillereaux and J.M. Flaus. *Les procédés agroalimentaires : Commande et supervision*. Number vol. 2 in IC2 : Série Systèmes automatisés. Hermes science publ., 2003.

[10] Michael Branicky. General hybrid dynamical systems : Modeling, analysis, and control. In Rajeev Alur, Thomas Henzinger, and

Eduardo Sontag, editors, *Hybrid Systems III*, volume 1066 of *Lecture Notes in Computer Science*, pages 186–200. Springer Berlin / Heidelberg, 1996.

[11] M. Brunet, D. Jaume, M.Labarrère, A.Rault, and M.Vergé. *Détection et diagnostic de pannes : approche par modélisation*. Traité des Nouvelles Technologies, série Diagnostic et Maintenance, 1990.

[12] J. P Cassar, R. G. Litwak, V. Cocquempot, and M. Staroswieki. Approche structurelle de la conception de systèmes de surveillance pour des procédés industriels complexes. *Revue Diagnostic et Sûreté de Fonctionnement*, 4 :179–202, 1994.

[13] R. N. Clark, D. C. Fosth, and V. M. Walton. Detecting instrument malfunctions in control systems. *IEEE Trans. Aero. & Electron. Syst.*, AES-11(4) :465–473, 1975.

[14] V. Cocquempot, J.P CASSAR, and M. STAROSWIECKI. How does the time window size influence the sensitivity/robustness trade-off of optimal structured residuals. *SafeProcess'97, IFAC Symp. on Fault Detection, Supervision and Safety for Technical Processes, Hull (UK)*, 1 :329–334, 1997.

[15] Johan de Kleer and Brian C. Williams. Diagnosing multiple faults. *Artificial Intelligence*, 32(1) :97–130, April 1987.

[16] P. Declerck. *Analyse structurale et fonctionnelle des grands systèmes : Applications à une centrale PWR 900 MW*. 1991.

[17] A. Deshpande, A. Gollu, and L. Semenzato. The SHIFT programming language for dynamic networks of hybrid automata. *Automatic Control, IEEE Transactions on*, 43(4) :584 –587, April 1998.

[18] Bernard Dubuisson. *Diagnostic et reconnaissance des formes*. Hermès, 1990.

[19] A. Dulmage and N.Mendelsohn. A structure theory of bipartite graphs of finite exterior extension. *Transactions of the Royal Society of Canada*, 53 :1–13, 1959.

[20] J.-M. Flaus and O. Adrot. Modélisation de bioprocédés par une approche linéaire hybride et ensembliste. 2007.

[21] Jean-Marie Flaus, Olivier Adrot, and Quoc Dung Ngo. A first step toward a Model Driven Diagnosis Algorithm Design Methodology.

In *Safety and Reliability for Managing Risk ESREL'11*, pages 353–360, Troyes, France, 2011.

[22] P. M Frank. Analytical and qualitative model-based fault diagnosis-a survey and somenew results. *European Journal of Control*, 2(1) :6–28, 1996.

[23] Gertler. Analytical redundancy methods in fault detection and isolation. pages 9–22, Baden-Baden, 1991.

[24] E. R. Hansen and R. I. Greenberg. An interval newton method. *Applied Mathematics and Computation*, 12(2-3) :89–98, May 1983.

[25] Eldon Hansen and G. Walter. *Global optimization using interval analysis*. Pure and applied mathematics (New York. 1949), ISSN 0079-8169 ; 264. M. Dekker, New York, 2004.

[26] E.R. Hansen. *Global optimization using interval analysis*. Pure and Applied Mathematics Series. M. Dekker, 1992.

[27] Thomas Höfling and Rolf Isermann. Parameter estimation triggered by continuous-time parity equations. In *American Control Conference : ACC '95 <1995, Seattle, WA> : Proceedings*, 1995.

[28] E Hyvönen. Constraint reasoning based on interval arithmetic : the tolerance propagation approach. *Artificial intelligence*, 58(1-3) :71–112, 1992.

[29] R Isermann. Supervision,fault-detection and fault-diagnosis methods : An introduction. *Control Engineering Pratice*, 5(5) :639–652, May 1997.

[30] Rolf Isermann. Process fault detection on modelling and estimation methods - a survey. *Automatica*, 20(4) :(4) :387–404, 1984.

[31] Rolf Isermann. Fault diagnosis of machines via parameter estimation and knowledge processing. *Automatica*, 29(4) :815–835, 1993.

[32] Rolf Isermann. Model-based fault-detection and diagnosis-status and applications. *Annual Reviews in Control*, 29(1) :71–85, 2005.

[33] R. Izadi-Zamanabadi. Structural analysis approach to fault diagnosis with application to fixed-wing aircraft motion. *Proceedings of the American Control Conference*, 5 :3949–3954, 2002.

[34] L. Jaulin. *Applied Interval Analysis With Examples in Parameter and State Estimation, Robust Control and Robotics.* Springer, 2001.

[35] Luc Jaulin and Eric Walter. Guaranteed nonlinear parameter estimation from bounded-error data via interval analysis. *Mathematics and Computers in Simulation,* 35(2) :123–137, April 1993.

[36] Luc Jaulin and Eric Walter. Set inversion via interval analysis for nonlinear bounded-error estimation. *Automatica,* 29(4) :1053–1064, July 1993.

[37] H.L Jones. *Failure detection in linear systems.* PhD thesis, Dept. of Aeronautics, M.I.T., Cambridge, Mass, 1973.

[38] R. Baker Kearfott, Chenyi Hu, and Manuel Novoa III. A review of preconditioners for the interval Gauss-Seidel method. 1991.

[39] R. Krawczyk. Newton-algorithmen zur bestimmung von nullstellen mit fehlerschranken. *Computing,* 4 :187–201, 1969. 10.1007/BF02234767.

[40] R. Krawczyk and A. Neumaier. Interval slopes for rational functions and associated centered forms. *SIAM journal on numerical analysis,* 22(3) :604–616, 1985.

[41] Ben Kröse and Patrick van der Smagt. *An Introduction to Neural Networks.* The University of Amsterdam, 8 edition, November 1996.

[42] Mattias Krysander and Mattias Nyberg. Structural analysis utilizing mss sets with application to a paper plant, 2002.

[43] Edward M. Landesman and Magnus R. Hestenes. *Linear algebra for mathematics, science, and engineering.* Prentice Hall, 1992.

[44] R. P. Lippmann. An introduction to computing with neural nets. *j-ieee-assp,* pages 4–22, 1987.

[45] Didier Maquin and José Ragot. Validation de données issues de systèmes de mesure incertains. *Journal Européen des Systèmes Automatisés,* 37(9) :1163–1179, 2003.

[46] Massoumnia and Vander Velde. Generating parity relations for detecting and identifying control system component failures. *Journal of Guidance, Control, and Dynamics,* 11 :60–65, 1988.

[47] Medvedev. Parity space method : a continuous time approach. *Proceeding of the American Control Conference, Baltimore,(Mariland, USA)*, (3) :662–665, 1994.

[48] R.K. Mehra and J. Peschon. An innovations approach to fault detection and diagnosis in dynamic systems. *Automatica*, 7(5) :637–640, September 1971.

[49] L. A. Mironovski. Functional diagnosis of linear dynamic systems. *Automn Remote Control*, 40 :1198–1205, 1979.

[50] R. E. Moore. *Interval Analysis*. Prentice-Hall, Englewood Cliffs N. J, 1966.

[51] R. E. Moore and Fritz Bierbaum. *Methods and applications of interval analysis*. SIAM, 1979.

[52] A. Neumaier. *Interval methods for systems of equations*. Cambridge University Press, 1990.

[53] A. Neumaier. Taylor forms : Use and limits. *Reliable computing*, 9(1) :43–79, 2003.

[54] R. J Patton and J. Chen. A review of parity space approaches to fault diagnosis. In *Preprints to SafeProcess 1991*, volume 1, page 239–55, 1991.

[55] Stefan Pettersson. *Analysis and Design of Hybrid Systems*. Doctoral thesis, Chalmers University of Technology, 1999.

[56] J. Ragot, F. Kratz, and D. Maquin. Espace de parité pour les systèmes linéaires incertains synthèse, quelques résultats nouveaux et mise en oeuvre. 1997.

[57] Dietmar Ratz. *Automatische Ergebnisverifikation bei globalen Optimierungsproblemen*. PhD thesis, Université Karlsruhe, 1992.

[58] Raymond Reiter. A theory of diagnosis from first principles. *Artificial Intelligence*, 32(1) :57–95, April 1987.

[59] D.I. Wang. *Fermentation and enzyme technology*. Techniques in pure and applied microbiology. Wiley, 1979.

[60] A S Willsky. A survey of design methods for failure detection in dynamic systems. *Automatica*, 12(6) :601–611, 1976.

[61] K. Wöllhaf, M. Fritz, C. Schulz, and S. Engell. BaSiP - batch process simulation with dynamically reconfigured process dynamics. *Computers & Chemical Engineering*, 20, Supplement 2(0) :1281–1286, 1996.

[62] Janan Zaytoon. *Automation of mixed processes hybrid dynamical systems ADPM '98*. Number v. 32, nos 9-10 in Journal européen des systèmes automatisés. Hermès, Paris, 1999.

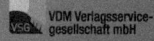

Zeitfracht Medien GmbH
Ferdinand-Jühlke-Straße 7
99095 Erfurt, Deutschland
produktsicherheit@kolibri360.de

Druck:
CPI Druckdienstleistungen GmbH
im Auftrag der
Zeitfracht Medien GmbH
Ein Unternehmen der Zeitfracht - Gruppe
Ferdinand-Jühlke-Str. 7
99095 Erfurt